Índice

Los temas que vamos a presentar en este módulo comprenden:

SMAW: Cordones y soldaduras de filete

ES29109-09

SOLDADURA NIVEL UNO

ES29112-09
SMAW: Soldadura de
ranura en V con raíz abierta

ES29111-09
SMAW: Soldadura de
ranura con respaldo

ES29110-09
Preparación y
alineación de la unión

ES29109-09
SMAW: Cordones y
soldaduras de filete

ES29108-09
Electrodos de arco
de metal cubierto

ES29107-09
SMAW: Equipo
e instalación

ES29106-09
Calidad de la soldadura

ES29105-09
Preparación del metal base

ES29104-09 Corte y
ranurado por arco-aire
con electrodos de carbón

ES29103-09
Corte por arco de plasma

ES29102-09
Corte oxigás

ES29101-09
Seguridad en la soldadura

Currículo básico: Habilidades
introductorias del oficio

Este mapa del curso muestra todos los módulos de *Soldadura nivel uno*. El orden de entrenamiento sugerido comienza desde la parte inferior y avanza hacia la parte superior. Los niveles de habilidad se incrementan a medida que avanza en el mapa del curso. El Patrocinador local del Programa de Entrenamiento puede modificar el orden del entrenamiento.

Objetivos

Cuando haya completado este módulo, podrá hacer lo siguiente:

1. Configurar equipos para soldadura por arco con electrodo revestido (SMAW).
2. Describir métodos para formar un arco.
3. Formar y extinguir un arco correctamente.
4. Describir las causas por las que se produce el soplo magnético y la itinerancia de un arco.
5. Realizar cordones sin oscilación, tejidos y superpuestos.
6. Realizar soldaduras de filete en las siguientes posiciones:
   - Horizontal (2F)
   - Vertical (3F)
   - Elevada (4F)

Términos clave del oficio

Ángulo de arrastre	Cordón sin oscilación	Oscilación
Ángulo de empuje	Cordón tejido	Reinicio
Ángulo de trabajo	Cupón de soldadura	SMAW
Apertura de arco	Eje de la soldadura	Soplo de arco

Prerrequisitos

Antes de comenzar este módulo, se recomienda que haya completado con éxito lo siguiente: *Currículo básico* y *Soldadura nivel uno*, Módulos ES29101-09 a ES29108-09.

1.0.0 INTRODUCCIÓN

Una de las soldaduras más comunes es la soldadura de filete. Antes de que los estudiantes puedan realizar una soldadura de filete, tienen que ser capaces de configurar un equipo de soldadura por arco, de formar un arco y de mantener un arco para efectuar un cordón de soldadura. Este módulo incluye información sobre cómo formar un arco eléctrico, cómo formar cordones y cómo hacer soldaduras de filete en todas las posiciones usando los electrodos SMAW. Al proceso de soldadura por arco con electrodo revestido (SMAW) a menudo se lo conoce por el nombre no convencional "soldadura con varilla".

2.0.0 RESUMEN SOBRE SEGURIDAD

A continuación se incluye un resumen con las prácticas y los procedimientos de seguridad que tienen que cumplirse al cortar o soldar. Tenga en cuenta que se trata de un resumen. Puede encontrar la información completa sobre seguridad en la sección *Seguridad en la soldadura*. Si no completó ese módulo, hágalo antes de continuar. Ante todo, asegúrese de usar la vestimenta y el equipo de protección adecuados al realizar una tarea de soldadura o de corte.

2.1.0 Vestimenta y equipo de protección

Para mantener la seguridad y evitar lesiones, es fundamental que use la vestimenta y el equipo de protección adecuados al cortar o soldar metales (*Figura 1*). Asegúrese de cumplir las siguientes pautas durante todas las etapas del corte o la soldadura:

- Use siempre gafas protectoras con una máscara completa o un casco. Las gafas, la máscara o las lentes del casco deben estar teñidas del color para reducir la luz que sea apropiado para el tipo de soldadura o de corte que se está realizando. No mire jamás directa o indirectamente un arco sin usar lentes teñidas adecuadamente.
- Use ropas protectoras de cuero o retardadoras de llamas junto con guantes para soldar que lo protegerán de las chispas y el metal fundido, así como del calor.
- Use botas o zapatos protectores altos, de 8 pulgadas (20,32 cm) o más. Asegúrese de que la lengüeta y los cordones de su calzado estén cubiertos por la pierna de los pantalones. Si la lengüeta o los cordones quedan expuestos, o si tiene que proteger el calzado de marcas de quemadura, use polainas de cuero debajo de los pantalones o perneras y encima de la parte delantera del calzado.

- Use un casco de material sólido (no de malla) con un pico que apunte a la parte posterior por encima de la cabeza corte o soldadura se requiere una capucha entera de cuero con una chapa de frente para soldadura y las lentes teñidas adecuadamente Si debe usar un casco rígido, use uno que permita acoplar material deflector en la parte posterior y una máscara.
- Para realizar un corte o una soldadura a gas, si no usa una capucha entera de cuero, colóquese una máscara y antiparras para soldadura que calcen bien ceñidas por encima de las gafas de protección. Ya sea la máscara o las lentes de las antiparras para soldadura tienen que tener un filtro auto-oscurecible aprobado 5 o 6. Para realizar una soldadura por arco, use antiparras protectoras y una capucha para soldar con las lentes teñidas correspondientes (sombra 9 a 14).
- Si no usa una capucha entera de cuero, colóquese orejeras o, al menos, tapones en los oídos para proteger el oído y los canales internos de las chispas que saltan en las operaciones elevadas.

2.2.0 Prevención de incendios y explosiones

En general, las actividades de soldadura implican el uso de fuego o de calor extremo para fundir metal. Siempre que se use fuego, tienen que estar controlado y contenido. Las actividades de soldadura a menudo se realizan sobre recipientes que alguna vez pueden haber contenido materiales inflamables o explosivos. Los residuos de estos materiales pueden prenderse fuego o explotar cuando el soldador comienza a trabajar sobre

109F01.EPS

Figura 1 Soldador que trabaja con un equipo de protección completo.

dicho recipiente. A continuación se enumeran pautas para la prevención de incendios y explosiones relacionadas con la soldadura:

- No lleve nunca cerillas o encendedores con gas en los bolsillos. Las chispas pueden hacer que las cerillas se prendan o que el encendedor explote, lo cual podría ocasionar heridas graves.
- No realice nunca una tarea de calentamiento, corte o soldadura hasta que haya obtenido un permiso de trabajo en caliente y se haya establecido un sistema de control anti-incendios aprobado durante y después de las operaciones. La mayoría de los incendios en el lugar de trabajo producidos por estos tipos de operaciones ocurren por los sopletes.
- No use nunca oxígeno para quitarse polvo o suciedad de la ropa. El oxígeno puede quedar atrapado en el tejido durante un tiempo. Si una chispa entra en contacto con el oxígeno en el tejido, la ropa puede quemarse rápida y violentamente sin control.
- Asegúrese de que todo material inflamable se remueva del área de trabajo o esté protegido con una cubierta resistente al fuego. Tiene que haber disponibles extintores de incendios aprobados antes de intentar cualquier operación de calentamiento, soldadura o corte.
- No libere nunca una gran cantidad de oxígeno ni use oxígeno como aire comprimido. La presencia de oxígeno alrededor de chispas o materiales inflamables puede producir una combustión rápida e incontrolada. Mantenga el oxígeno alejado de aceites, grasas u otros productos petrolíferos.
- No libere nunca una gran cantidad de gas combustible, especialmente acetileno. El gas metano y el gas propano tienden a concentrarse en áreas bajas y pueden encenderse a una distancia considerable del punto de liberación. El acetileno es más liviano que el aire, pero es incluso más peligroso: cuando se lo mezcla con aire u oxígeno, explota a concentraciones mucho más bajas que cualquier otro gas combustible.
- Para evitar incendios, mantenga un área de trabajo limpia y ordenada y asegúrese de que cualquier pedazo de metal o escoria de fundición se enfríe antes de desecharlo.
- Antes de cortar o soldar contenedores, como tanques o barriles, averigüe si se almacenó dentro de ellos algún material explosivo, peligroso o inflamable, incluidos productos petrolíferos, productos cítricos o químicos que se descomponen en gases tóxicos al calentarse. Como práctica estándar, siempre limpie los tanques o barriles y luego llénelos con agua o

púrguelos con un flujo de gas inerte, como nitrógeno o argón para eliminar la posible presencia de oxígeno.

2.3.0 Ventilación en el área de trabajo

Los vapores y los gases tienden a elevarse en el aire desde sus fuentes, y los soldadores a menudo tienen que trabajar sobre áreas de soldadura en las que se generan gases. Los gases de la soldadura pueden ser peligrosos. Una correcta ventilación en el área de trabajo permite eliminar los vapores y proteger al soldador. A continuación se enumeran las pautas para la ventilación en el área de trabajo que deben tenerse en cuenta antes y durante las actividades de soldadura:

- Asegúrese de cumplir los procedimientos para espacios cerrados antes de realizar cualquier tarea de soldadura o corte en un espacio cerrado.
- Asegúrese de que los espacios cerrados estén ventilados adecuadamente para las tareas de corte o soldadura.
- No use nunca oxígeno en espacios cerrados con fines de ventilación.
- Realice siempre cualquier tarea de corte o soldadura en un área bien ventilada. Las operaciones de corte o soldadura que implican materiales, revestimientos o electrodos con cadmio, mercurio, plomo, zinc, cromio y berilio generan gases tóxicos. Para cortar o soldar estos materiales, siempre ventile adecuadamente el área y use un respirador de máscara entera (SAR) aprobado que emplea aire para respirar suministrado por una fuente externa al área de trabajo. Si va a estar expuesto ocasionalmente por un breve lapso de tiempo a gases derivados de materiales recubiertos por zinc o cobre, puede usar un respirador estándar con un filtro de arrestancia de partículas de alta eficiencia (HEPA) o un filtro para gases metálicos.

3.0.0 CONFIGURACIÓN DEL EQUIPO DE SOLDADURA POR ARCO

Antes de empezar una tarea de soldadura, tiene que acondicionar el área, configurar el equipo de soldadura y preparar el metal que va a soldar. Las siguientes secciones explican cómo configurar el equipo de soldadura.

3.1.0 Preparación del área de soldadura

Para realizar una soldadura, se necesita una mesa para soldar, un banco o un soporte (*Figura 2*). La superficie para soldar debe ser de acero y debe preverse la colocación de los **cupones de soldadura** fuera de la posición.

Para configurar el área donde se realizará la soldadura, siga estos pasos:

Paso 1 Asegúrese de que el área esté correctamente ventilada. Use puertas, ventanas y ventiladores.

Paso 2 Revise el área en busca de peligros de incendio. Retire todo material inflamable antes de continuar.

Paso 3 Revise la ubicación del extintor de incendios más cercano. No continúe a menos que el extintor esté cargado y usted sepa cómo usarlo.

Paso 4 Coloque protectores contra destellos alrededor del área de soldadura.

3.2.0 Preparación de los cupones de soldadura

Los cupones de soldadura deben ser acero al carbono, de ¼" a ¾" (0,64 cm a 1,90 cm) de espesor. Use un cepillo de alambre o una esmeriladora para remover cascarillas pesadas de laminación o corrosión. Prepare los cupones de soldadura para practicar las soldaduras indicadas del siguiente modo:

- *Formar un arco*: los cupones pueden ser de cualquier tamaño o forma que sea fácilmente manejable.
- *Armado de cordones*: los cupones pueden ser de cualquier tamaño o forma que sea fácilmente manejable
- *Cordones superpuestos*: los cupones pueden ser de cualquier tamaño o forma que sea fácilmente manejable.
- *Soldaduras de filete*: corte el metal en rectángulos de 4" × 6" (10,16 cm × 15,24 cm) para la base y corte rectángulos de 3" × 6" (7,62 cm × 15,24 cm) para la eslinga.

109F02.EPS

Figura 2 Estación de soldadura.

La *Figura 3* muestra los cupones de soldadura para la soldadura de filete.

El acero para practicar cómo soldar es costoso y difícil de conseguir. Deben hacerse todos los esfuerzos posibles para conservar y no desperdiciar el material que hay disponible. Vuelva a usar los cupones de soldadura hasta que todas las superficies se hayan usado para soldar. Suelde de ambos lados de la unión y luego corte el cupón de soldadura hasta separarlo y vuelva usar las piezas. Use material que no pueda cortarse en cupones de soldadura para practicar formar un arco y el armado de cordones.

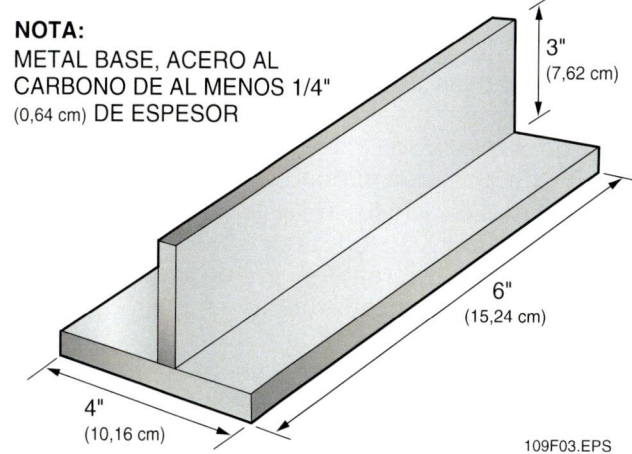

NOTA:
METAL BASE, ACERO AL CARBONO DE AL MENOS 1/4" (0,64 cm) DE ESPESOR

3" (7,62 cm)

6" (15,24 cm)

4" (10,16 cm)

109F03.EPS

Figura 3 Cupones de soldadura de filete.

3.3.0 Electrodos

Obtenga una pequeña cantidad de los electrodos que va a usar. A los electrodos a veces se los conoce por el término no convencional de *varillas*. Para los ejercicios de soldadura incluidos en este módulo se usarán electrodos E6010 y E7018 de ⅛" y de 5/32" (0,32 cm y 0,40 cm). Obtenga solo los electrodos que usará para un ejercicio de soldadura específico por vez. Consiga alguna bolsa o algún soporte para varillas donde pueda almacenar los electrodos y así evitar que se dañen. No deje nunca los electrodos sueltos sobre la mesa. Pueden caerse al piso y dañarse o hacer que alguien se tropiece con ellos. También tiene que haber disponible algún tipo de contenedor metálico, como una cubeta, para desechar las puntas calientes de los electrodos. Coloque de vuelta los electrodos que no haya usado en su lugar de almacenamiento correspondiente.

> **NOTA**
>
> Los tamaños de electrodos indicados son recomendaciones. Los demás tamaños de electrodos pueden reemplazarse según las condiciones del lugar. Consulte a su instructor sobre el tamaño de electrodo que debe utilizar.

> **¡ADVERTENCIA!**
>
> No arroje los portaelectrodos en el piso. Ruedan fácilmente y pueden provocar caídas y resbaladas.

3.4.0 Preparación de la máquina soldadora

Los soldadores pueden esperar hallar diferentes tipos y marcas de soldadoras en las tiendas de productos para soldar y en las tareas en el campo. La mayoría de las máquinas no vienen con manuales para el operador. En su calidad de estudiante, e incluso en su calidad de soldador experimentado, usted tiene que ser capaz de reconocer los diferentes tipos de máquinas soldadoras y de averiguar cómo se pueden configurar y operar de manera segura. Seleccione la máquina soldadora que usará (consulte la *Figura* 4) y luego siga estos pasos para poder configurarla y empezar a soldar:

Paso 1 Verifique que la máquina soldadora pueda usarse para soldar con corriente directa.

> **NOTA**
>
> Una máquina soldadora de CA se puede utilizar si una máquina de CC no está disponible. Si se utiliza una máquina soldadora de CA, utilice electrodos E6011 y E7018.

Paso 2 Verifique la ubicación de la desconexión primaria de corriente en la máquina.

Paso 3 Revise que el área esté bien ventilada.

Paso 4 Configure la polaridad en electrodo positivo con corriente directa (DCEP).

Paso 5 Conecte la abrazadera del conector de la pieza de trabajo con la pieza de trabajo.

> **¡ADVERTENCIA!**
>
> Si bien algunos conductores o abrazaderas de piezas de trabajo se denominan a veces conductores o abrazaderas de puesta a tierra, es posible que no lo estén. En este caso, el voltaje total del circuito abierto de la máquina soldadora puede generarse entre el conductor o abrazadera de la pieza de trabajo y el objeto conectado a tierra.

Consejo importante

Soportes para varilla

Pueden comprarse distintos tipos diferentes de soportes para varilla. Un tipo es una bolsa de cuero y otro es un soporte sellable que puede utilizarse para evitar que los electrodos se humedezcan.

109SA01.EPS

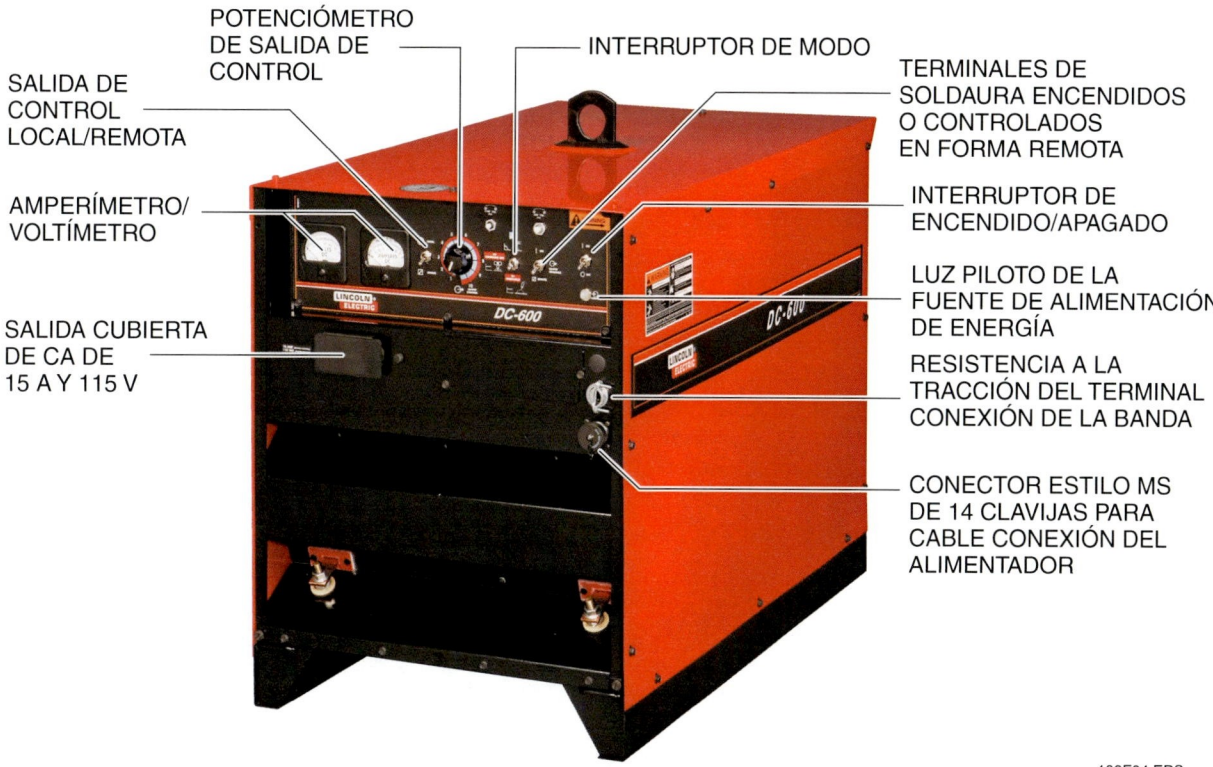

PALANCA DE CONTROL DE RANGO DE CC

CONTROL DE AMPERAJE DE CA/CC

INTERRUPTOR DE POLARIDAD DE CA/CC

INTERRUPTOR DE ENCENDIDO/APAGADO

SALIDA DE 120 V

INTERRUPTOR DE ENCENDIDO DEL MOTOR

POTENCIÓMETRO DE SALIDA DE CONTROL

INTERRUPTOR DE MODO

TERMINALES DE SOLDAURA ENCENDIDOS O CONTROLADOS EN FORMA REMOTA

SALIDA DE CONTROL LOCAL/REMOTA

AMPERÍMETRO/ VOLTÍMETRO

INTERRUPTOR DE ENCENDIDO/APAGADO

LUZ PILOTO DE LA FUENTE DE ALIMENTACIÓN DE ENERGÍA

SALIDA CUBIERTA DE CA DE 15 A Y 115 V

RESISTENCIA A LA TRACCIÓN DEL TERMINAL CONEXIÓN DE LA BANDA

CONECTOR ESTILO MS DE 14 CLAVIJAS PARA CABLE CONEXIÓN DEL ALIMENTADOR

109F04.EPS

Figura 4   Máquinas soldadoras de CA/CC y CC típicas.

Paso 6 Establezca el amperaje para el tipo y el tamaño de electrodo que usará. Las configuraciones típicas están descritas en *Tabla 1*.

> **NOTA**
> Las recomendaciones de amperaje varían según el fabricante, la posición, el tipo de corriente y la marca del electrodo. Para recomendaciones específicas, consulte la documentación del fabricante para el electrodo que se utiliza.

Paso 7 Asegúrese de que el soporte del electrodo no toque la abrazadera del conector de la pieza de trabajo, la pieza de trabajo en sí ni un objeto conectado a tierra.

Paso 8 Encienda la máquina soldadora.

4.0.0 FORMACIÓN DEL ARCO

El primer paso para empezar a soldar es formar el arco. Para hacerlo, lleve el extremo del electrodo hasta el metal base y luego levántelo rápidamente a la longitud de arco correcta. La regla general es que la longitud de arco debe ser el diámetro del electrodo que se está usando. Si se está usando un electrodo de ⅛" (0,32 cm), la longitud de arco deberá ser de ⅛" (0,32 cm). La longitud de arco se mide desde el extremo del núcleo del elec-

> **Consejo importante**
>
> # Máquinas con corriente constante
>
> Las máquinas de CA y CA/CC óptimas para SMAW o soldadura por arco de tungsteno con gas (GTAW) son básicamente tipos de máquina con corriente constante. Algunas de ellas se denominan máquinas con caída de corriente. En una máquina con corriente constante, la corriente de salida varía ligeramente sobre un rango relativamente amplio de voltaje del circuito. Por este motivo, si se eleva o baja el electrodo de la pieza de trabajo, produce un efecto pequeño en la calidad de la soldadura. Además, alcanzar un arco es más fácil con una máquina de corriente constante debido al alto voltaje del circuito abierto. Por otro lado, las máquinas con caída de corriente pueden utilizarse para controlar la temperatura del baño de fusión de la soldadura de manera más sencilla. Esto se debe a que la corriente y el calor de la soldadura resultante cambia mucho más con un cambio más pequeño en el voltaje que se provoca al elevar o bajar el electrodo en relación con la pieza de trabajo.

Tabla 1 Ajustes del amperaje de los electrodos

Tamaño	del electrodo	Amperaje
E6010	$\frac{1}{8}$" (0,32 cm)	75 A a 130 A
E6010	$\frac{5}{32}$" (0,40 cm)	90 A a 175 A
E6011	$\frac{1}{8}$" (0,32 cm)	75 A a 120 A
E6011	$\frac{5}{32}$" (0,40 cm)	90 A a 160 A
E7018	$\frac{1}{8}$" (0,32 cm)	90 A a 150 A
E7018	$\frac{5}{32}$" (0,40 cm)	120 A a 190 A
E6013	$\frac{1}{8}$" (0,32 cm)	110 A a 150 A
E6013	$\frac{5}{32}$" (0,40 cm)	150 A a 200 A

trodo hasta el metal base. Si el electrodo tiene un revestimiento fundente más pesado, como E7018 o E6013, el extremo del núcleo del electrodo estará empotrado en el revestimiento. En este tipo de electrodos, la longitud de arco visible (desde el extremo del revestimiento hasta el metal base) debe ser apenas inferior para compensar la parte del arco que está empotrada. De este modo, se garantiza que la longitud de arco real sea correcta. La *Figura 5* muestra las longitudes de arco de una varilla de ⅛" (0,32 cm).

Existen dos formas para formar un arco eléctrico: el método de raspado y el método de golpeteo.

4.1.0 Método de raspado

El método de raspado (*Figura 6*) es la forma más sencilla de formar un arco y es el método que usan los estudiantes que están aprendiendo a soldar. Es parecido a prender una cerilla. Solo se debe raspar el extremo del electrodo a lo largo del metal base para formar un arco. Una vez que se formó el arco, el electrodo se eleva para establecer la longitud de arco correcta.

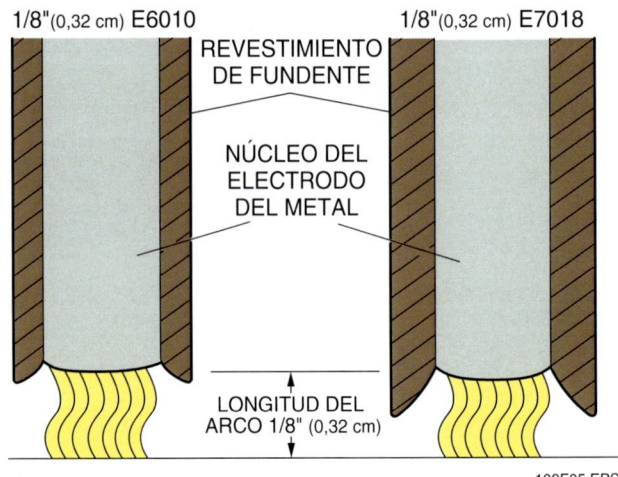

109F05.EPS

Figura 5 Longitudes del arco.

4.2.0 Método de golpeteo

El método de golpeteo (*Figura 7*) es el mejor método para formar un arco cuando se está usando una máquina soldadora en corriente continua de tipo transformador. Es más difícil y lleva más tiempo perfeccionar este método, pero a medida que los soldadores desarrollen sus habilidades, es el método que deberán emplear. El método de raspado deja golpes de arco en el

Consejo importante

Volver a formar un arco con un electrodo frío

Al intentar formar un arco eléctrico con un electrodo frío y parcialmente consumido, es posible que el tazón que se forma por el revestimiento de fundente endurecido más allá del núcleo de metal no permita que el núcleo entre en contacto con la pieza de trabajo para formar el arco. Formar un arco por raspado o golpear con fuerza se puede utilizar para romper el revestimiento. Desafortunadamente, el golpeteo desprende piezas grandes del revestimiento de fundente de los laterales y, de esta manera, se expone parte del núcleo. Es difícil formar arcos eléctricos con electrodos con fundente faltante. Si se forma un arco, será inestable y puede volarse o ser itinerante hasta que el núcleo se consume hasta el lugar donde vuelve a restablecerse todo el tazón del revestimiento de fundente. Durante este tiempo, las soldaduras serán insuficientes. Un método para remover el revestimiento de fundente sin cincelar el fundente de los laterales de la varilla es extender el extremo de la varilla a lo largo de la cara de una lima de grano mediano. Si se realiza una soldadura conforme a los requisitos del código, se deben descartar los electrodos con revestimiento de fundente cincelado, faltante o agrietado.

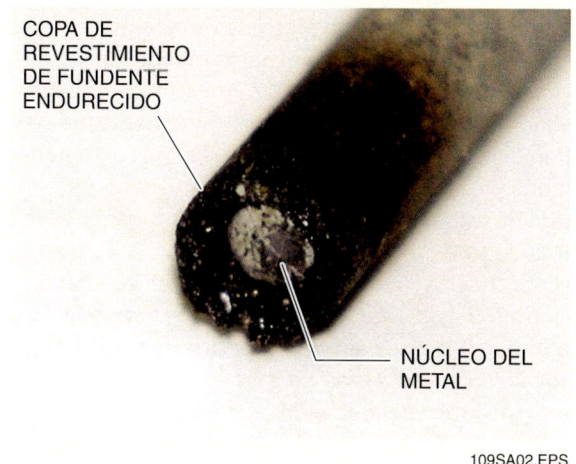

COPA DE REVESTIMIENTO DE FUNDENTE ENDURECIDO

NÚCLEO DEL METAL

109SA02.EPS

metal base que no están permitidos por los códigos de soldaduras a menos que se produzcan dentro del área soldada. Con el método de golpe, el arco suele fijarse justo después del punto donde debe comenzar la soldadura (¼" a ½" [0,64 cm a 1,27 cm]). A continuación, el arco regresa al punto de partida correcto a medida que se estabiliza. Para formar un arco con el método de golpeteo, lleve el electrodo rápidamente hasta el metal base, dé un golpe ligero, y luego eleve el electrodo para establecer la longitud de arco correcta.

4.3.0 Práctica de formación y de extinción de un arco

Formar el arco correctamente es un paso importante para aprender a soldar. Practique ambos métodos usando electrodos de ⅛" (0,32 cm) E6010 o E6011 hasta que usted pueda formar y mantener

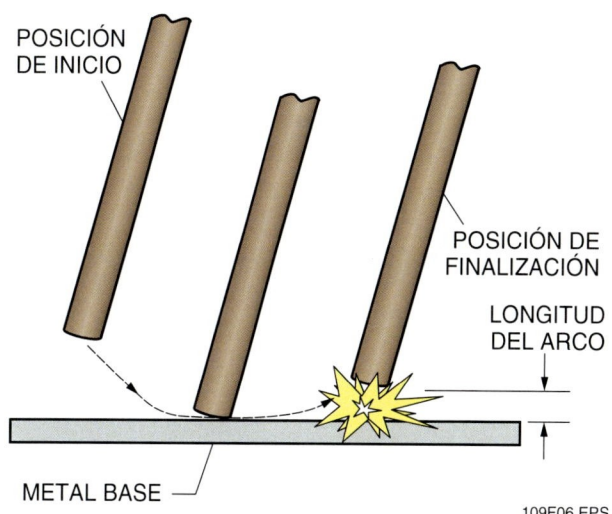

POSICIÓN DE INICIO

POSICIÓN DE FINALIZACIÓN

LONGITUD DEL ARCO

METAL BASE

109F06.EPS

Figura 6 Método de raspado para formar un arco.

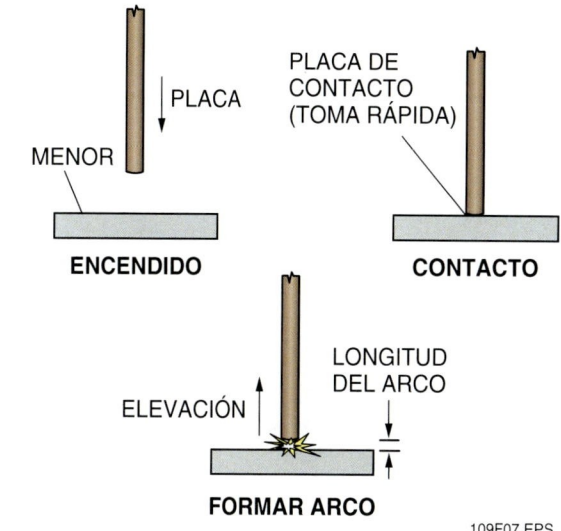

PLACA

MENOR

ENCENDIDO

PLACA DE CONTACTO (TOMA RÁPIDA)

CONTACTO

ELEVACIÓN

LONGITUD DEL ARCO

FORMAR ARCO

109F07.EPS

Figura 7 Método de golpeteo para formar un arco.

Formación de arco eléctrico precisa mediante golpeteo suave de un electrodo

Un método preciso de formación de arco mediante golpeteo de un electrodo en un punto exacto es colocar el electrodo en la mano libre con guante, de manera similar a un palo de billar. Oriente la varilla en dirección del avance. Luego, mueva el electrodo rápidamente hacia abajo y arriba para formar el arco. Este método es posible si el casco puede bajarse al asentir con la cabeza o si utiliza un casco con lentes que se oscurecen automáticamente.

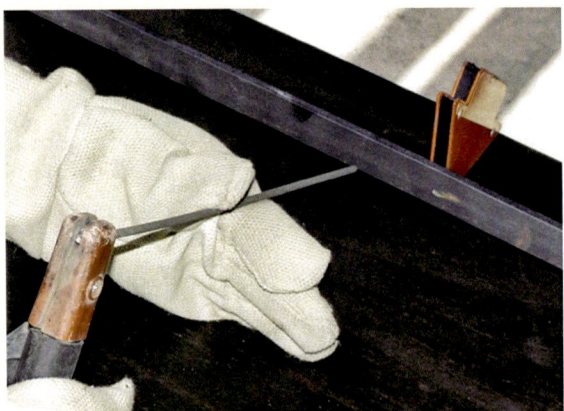

109SA03.EPS

Reutilización de un electrodo adherido

Controle cuidadosamente el extremo de un electrodo que se ha adherido a la pieza de trabajo y libérelo al doblarlo. Si parte del revestimiento de fundente falta, se agrieta o se quema en exceso, deseche el electrodo.

GRIETAS

FUNDENTE QUEMADO

FUNDENTE FALTANTE

109SA04.EPS

un arco constante. Cuando forme un arco, coloque el metal base de manera plana sobre la mesa para soldar. Para extinguir el arco cuando ya terminó la soldadura, eleve con rapidez el electrodo y aléjelo de la pieza de trabajo.

> **NOTA**
> Formar un arco con un electrodo E7018 (hidrógeno bajo) es más difícil que con la mayoría de los demás electrodos porque tienden a adherirse al metal base más fácilmente. Práctica para formar un arco con E7018 una vez que es más habilidoso para extender cordones con E6010 o E6011.

Cuando practique cómo formar un arco, en general experimentará los siguientes dos problemas:

- El extremo del electrodo se soldará al metal base. Esto se produce al mantener el electrodo en contacto con el metal base demasiado tiempo o al intentar mantener una longitud de arco demasiado corta. Si se produce este problema, libere el electrodo moviendo el soporte rápidamente de lado a lado. De no resultar, retire el electrodo del soporte y use unas pinzas para remover el electrodo del metal base. Al quitar el electrodo del soporte, en general se forma un arco eléctrico entre las mordazas del

Cambio o itinerancia del arco

Al unir dos piezas de trabajo por primera vez, el arco puede depositar material en una pieza únicamente o itinerar hacia adelante y atrás de una pieza a otra. Ambos sucesos son generalmente el resultado de un arco demasiado largo. Si éste es el caso, el arco siempre saltará hasta la pieza de trabajo más cercana. Esto es evidente especialmente con electrodos que son de ⅛" (0,32 cm) o más pequeños cuando se sueldan uniones en T o juntas a tope con intersticios. Si el arco deposita inicialmente material en una pieza de trabajo, es posible que sólo una pieza de trabajo esté conectada al conductor de la pieza de trabajo del soldador y la otra pieza no se encuentre en el circuito. En este caso, si se teje el electrodo hacia atrás y adelante a lo largo de la pieza de trabajo al comenzar la soldadura, se eliminará el espacio entre las piezas de trabajo y unirá las piezas para que ambas estén en el circuito. Otra solución es sujetar una pieza de metal en ambas piezas o realizar la soldadura en una mesa de soldar.

soporte y el electrodo. Si se formó un arco eléctrico, inspeccione las mordazas del soporte en busca de señales de picado pesado y escarnado y reemplácelas si fuera necesario.

- El arco se desintegra (se apaga). Esto se produce al elevar el extremo del electrodo demasiado lejos del metal base.

Estos problemas desaparecerán a medida que tenga más experiencia con la formación y el control de los arcos.

5.0.0 SOPLO DE ARCO

Cuando circula corriente, especialmente corriente continua (CC), pueden generarse campos magnéticos potentes. Los campos magnéticos tienden a concentrarse en las esquinas, en las muescas profundas o en los extremos del metal base. Cuando el arco se aproxima a estos campos magnéticos concentrados, se desvía. Este fenómeno se conoce como soplo de arco. En algunos casos, los accesorios o las plantillas para soldadura de metales ferrosos, que forman parte del trayecto de corriente en una soldadura a corriente continua y están sujetos a flujos repetidos de corriente, pueden magnetizarse y contribuir a la formación de un soplo de arco. En una soldadura a corriente alterna (CA), rara vez ocurre un soplo de arco, ya que el campo magnético está invirtiéndose continuamente a dos veces la frecuencia de la fuente de energía principal. Este proceso cancela de manera efectiva todos los efectos potentes del campo magnético. El soplo de arco a CC puede producir defectos como un exceso de salpicaduras y porosidad en la soldadura.

Fuentes de alimentación invertidoras

Cuando no se suelda de forma activa, algunas fuentes de alimentación invertidoras que se utilizan en el modo SMAW desactivan el voltaje del circuito abierto en el electrodo. El voltaje existente se siente muy bajo. Para estas máquinas, el método de raspado debe utilizarse para activar el voltaje y la corriente de soldadura y así formar el arco.

Si se produce un soplo de arco, intente uno o más de los siguientes métodos para controlarlo:

- Cambie la posición de la abrazadera del conector de la pieza de trabajo. De este modo, modificará el flujo de la corriente de soldadura, lo cual afectará la forma en que se crean los campos magnéticos.
- Acorte la longitud de arco. Con una longitud de arco más corta, el campo magnético producirá menos efecto sobre el arco.
- Cambie el ángulo del electrodo (consulte la *Figura 8*). El ángulo de un electrodo normal es de 10 grados a 15 grados en la dirección del recorrido. Si se eleva el ángulo del electrodo a 90 grados o, en casos extremos, hasta los 20 grados en la dirección opuesta de la trayectoria, logrará que se compense el soplo de arco.
- Si es posible, suelde por puntos las piezas de trabajo en los extremos y en el centro.
- Desmagnetice periódicamente los accesorios o las plantillas de soldadura con una sonda o una bobina desmagnetizante accionada por CA.

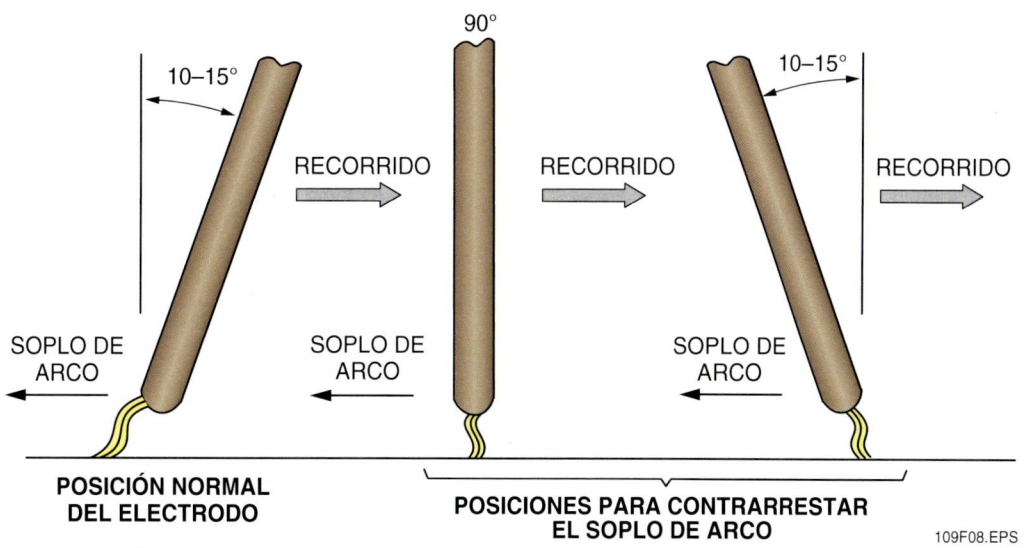

109F08.EPS

Figura 8 Control del soplo de arco.

6.0.0 Cordones sin oscilación y tejidos

Un **cordón sin oscilación** es un cordón soldado que se hace con muy poco o ningún movimiento de lado a lado por parte del electrodo. El ancho de un cordón encordado varía según el tipo de electrodo. Un **cordón tejido** es un cordón soldado que se hace con un movimiento de lado a lado del electrodo. Fuera de las uniones de soldadura, los cordones sin oscilación y de tejido (*Figura 9*) se usan parar volver a cubrir superficies o para endurecer superficies.

6.1.0 Práctica de cordones encordados con E6010

Practique la formación de cordones sin oscilación en posición plana usando electrodos E6010 o E6011 de ⅛" (0,32 cm). Después de formar un arco, el ángulo del eje del electrodo debe ser un **ángulo de arrastre** de 10 a 15 grados en la dirección del recorrido para la soldadura y a un **ángulo de trabajo** de 0 grados perpendicular (a 90 grados) al metal base de toda la soldadura. La *Figura 10* muestra los ángulos del eje del electrodo.

Los ángulos de recorrido que se usan para la SMAW y otros tipos de soldadura se clasifican en ángulos de arrastre o **ángulos de empuje**. El ángulo de arrastre de un electrodo es un ángulo de recorrido en el que el eje del electrodo apunta al cordón tejido durante la formación de un cordón tejido. El ángulo de empuje es la condición contraria: ocurre cuando el eje del electrodo se aleja del cordón tejido y apunta en la dirección del recorrido durante la formación de un cordón tejido. Excepto por las soldaduras verticales, la soldadura SMAW suele lograrse con el ángulo de arrastre del electrodo. El ángulo de trabajo del electrodo es la inclinación de lado a lado de un plano que contiene el eje del electrodo en línea perpendicular a la superficie principal de trabajo. El plano está formado por la intersección del **eje de soldadura** y el eje del electrodo. En general, los ángulos de trabajo van de los 0 a los 25 grados. En el caso de que se forme un solo cordón en una placa plana, el ángulo de trabajo es cero. El ángulo de trabajo de una soldadura de filete en una unión en T o en una esquina siempre se mide en línea perpendicular al miembro que no se empalma.

El movimiento de agite (*Figura 11*), también llamado movimiento paso a paso, puede usarse al depositar el cordón sin oscilación para controlar el charco de soldadura. Este proceso se realiza moviendo el electrodo hacia arriba y hacia adelante ¼" (0,48 cm), y luego hacia abajo y hacia atrás ³⁄₁₆" (0,64 cm). Una pausa breve al final del recorrido hacia atrás deposita el metal para soldadura. La longitud exacta del recorrido puede variar. Al alargar y adelantar momentáneamente el arco, el charco de soldadura fundida puede enfriarse. Alargar el arco disminuye su temperatura (amperaje) y reduce la transferencia de metal desde el núcleo de la varilla. Adelantar el arco precalienta el metal base por delante de la soldadura y quema los contaminantes.

Observe y escuche detenidamente la soldadura a medida que la realiza. Si la longitud, la velocidad, los ángulos y los movimientos del arco son correctos, se escuchará un sonido distintivo a fritura. Experimente haciendo cambios menores en estos factores y observe los efectos.

Siga los siguientes pasos para formar cordones sin oscilación:

Paso 1 Protéjase los ojos, forme un arco y mueva el electrodo hacia atrás rápidamente hasta el punto de partida correcto. Luego coloque el electrodo en el ángulo de recorrido y de manera perpendicular al metal base.

Paso 2 Mantenga el arco en el lugar hasta que el charco de soldadura se ensanche casi el doble del diámetro del electrodo.

Paso 3 Mueva lentamente el arco hacia adelante manteniendo una longitud de arco constante. Según sea necesario, use el movimiento de batido y ajuste la velocidad hacia adelante para controlar la acumulación y precalentar la zona de soldadura.

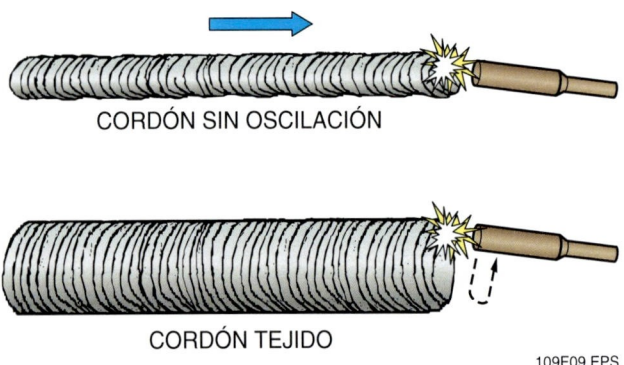

CORDÓN SIN OSCILACIÓN

CORDÓN TEJIDO

109F09.EPS

Figura 9 Cordones sin oscilación y tejidos.

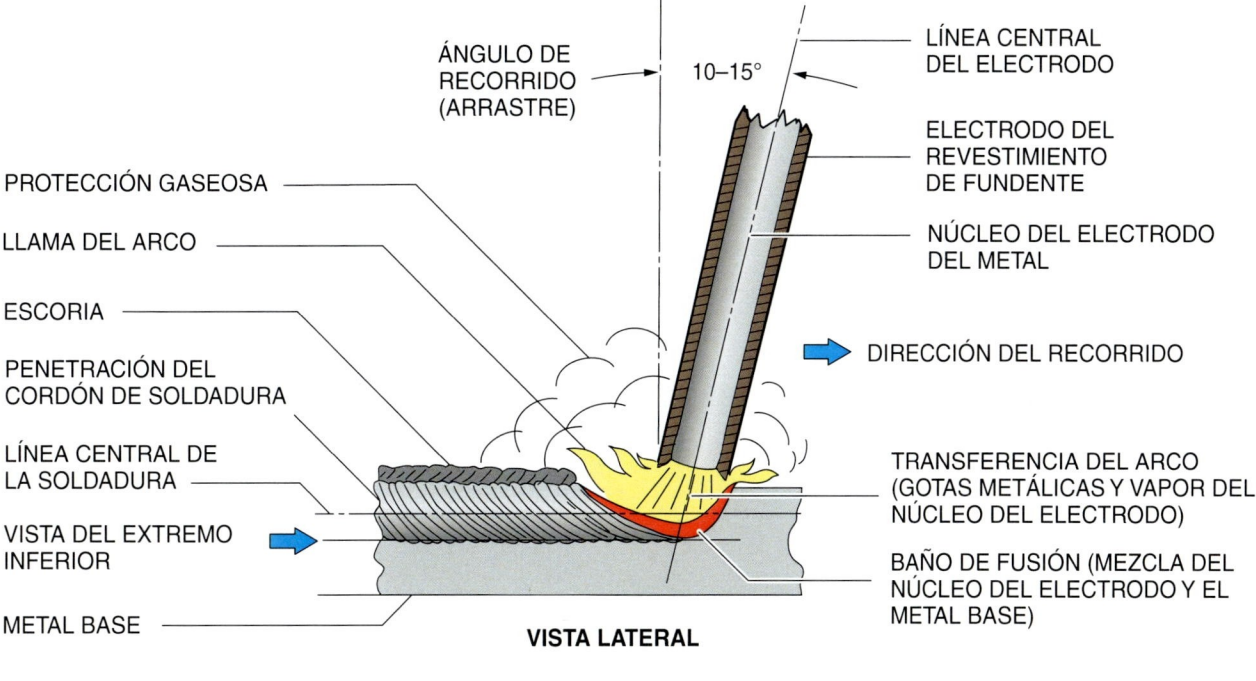

ÁNGULO DE RECORRIDO (ARRASTRE)

10–15°

LÍNEA CENTRAL DEL ELECTRODO

ELECTRODO DEL REVESTIMIENTO DE FUNDENTE

NÚCLEO DEL ELECTRODO DEL METAL

DIRECCIÓN DEL RECORRIDO

PROTECCIÓN GASEOSA

LLAMA DEL ARCO

ESCORIA

PENETRACIÓN DEL CORDÓN DE SOLDADURA

LÍNEA CENTRAL DE LA SOLDADURA

VISTA DEL EXTREMO INFERIOR

METAL BASE

TRANSFERENCIA DEL ARCO (GOTAS METÁLICAS Y VAPOR DEL NÚCLEO DEL ELECTRODO)

BAÑO DE FUSIÓN (MEZCLA DEL NÚCLEO DEL ELECTRODO Y EL METAL BASE)

VISTA LATERAL

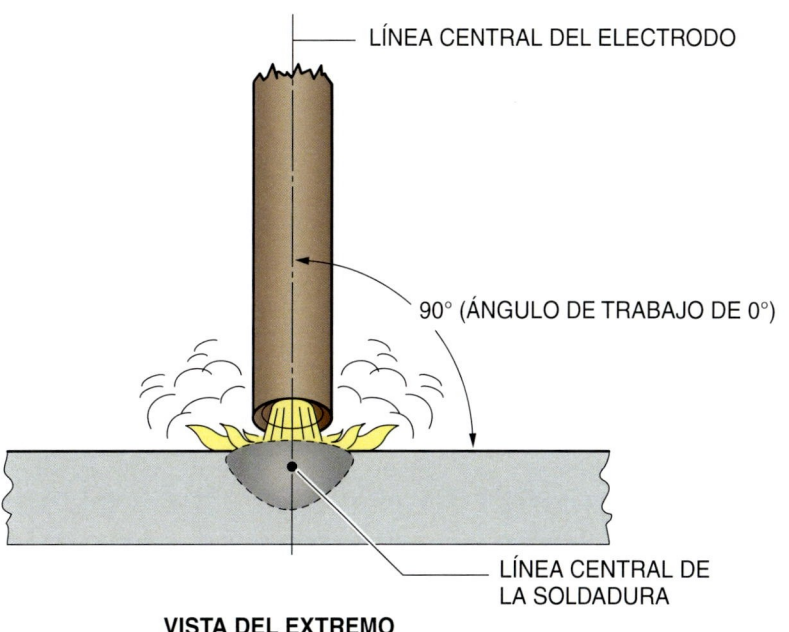

LÍNEA CENTRAL DEL ELECTRODO

90° (ÁNGULO DE TRABAJO DE 0°)

LÍNEA CENTRAL DE LA SOLDADURA

VISTA DEL EXTREMO

109F10.EPS

Figura 10   Características SMAW con avance y ángulo de trabajo adecuados.

¡ADVERTENCIA!

Siempre utilice protección para la cara para evitar que la escoria caliente golpee su cara.

Paso 4 Continúe soldando hasta que se forme un cordón de unas 2" a 3" (5,08 cm a 7,62 cm) y luego quiebre el arco elevando rápidamente el electrodo en línea recta ascendente. En el punto donde se quebró el arco quedará un cráter.

Paso 5 Pique la escoria de soldadura con un cincelador.

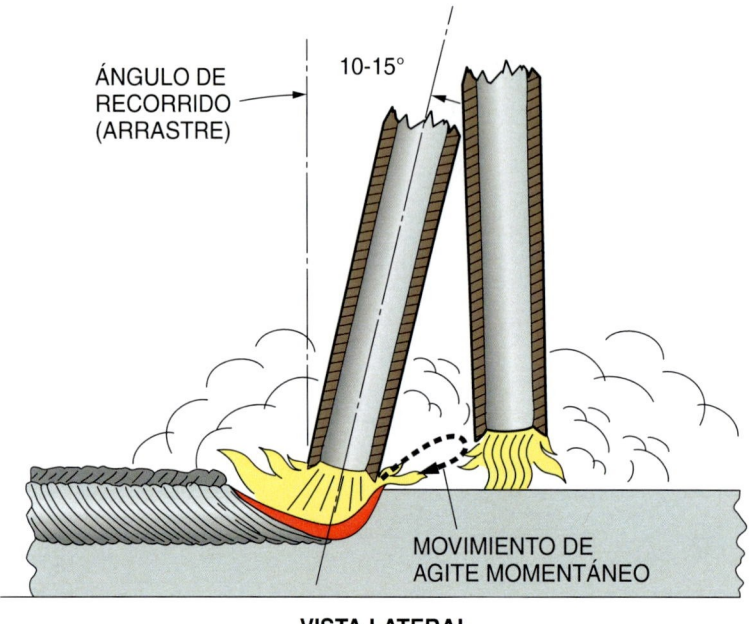

ÁNGULO DE RECORRIDO (ARRASTRE)

10-15°

MOVIMIENTO DE AGITE MOMENTÁNEO

VISTA LATERAL

109F11.EPS

Figura 11 Movimiento de agite.

Paso 6 Limpie el cordón con un cepillo de alambre.

Paso 7 Pídale a su instructor que inspeccione en el cordón las siguientes características:
- Rectitud
- Apariencia uniforme en la cara del cordón
- Transición plana y lisa con fusión completa en los puntos (bordes) de la soldadura.

- Sin porosidad
- Sin socavados en los bordes
- Sin inclusiones
- Sin grietas
- Sin superposición

Paso 8 Continúe soldando los cordones hasta hacer soldaduras aceptables cada vez lo intente. La *Figura 12* muestra cordones de soldadura apropiados e inapropiados.

Consejo importante

Estabilice su posición para soldar, observe el área de soldado inmediata y escuche el arco eléctrico

El soldador debe estar en una posición relajada y cómoda al soldar. Debido a la visión limitada del área de soldado desde los lentes oscuros de un casco, un soldador principiante puede balancearse debido a la pérdida de sentido de equilibrio. Para contrarrestarlo, un soldador debe sentarse o reclinarse contra un objeto para alcanzar y mantener una posición estable y relajada. De esta manera, se disminuirá la fatiga y se garantizará la seguridad personal.

Los soldadores principiantes deben aprender a ver toda el área de trabajo de la soldadura con arco eléctrico a través de los lentes oscuros de un casco y escuchar el sonido del arco. Al principio, el centro de atención de un soldador principiante es solo el arco eléctrico debido a la dificultad para formar y mantener un arco establecido. Si bien los

principiantes pueden formar y mantener el arco, la enorme luz y el calor generado dentro del arco suelen ser fascinantes y distractores durante un tiempo. Con práctica, el soldador principiante podrá cambiar de a poco el centro de atención y ver todos los lados del baño de fusión, la acumulación provocada por la soldadura en el borde trasero del baño, la cubierta de escorias frías sobre la acumulación provocada por la soldadura y el área de soldadura adyacente en el pieza de trabajo. El soldador se adaptará al sonido correcto del arco para la varilla y el trabajo que se suelda, y es posible que el arco pase prácticamente inadvertido. Una vez que el soldador puede ver toda el área de soldadura y escuchar el arco, realizar soldaduras derechas y correctas es relativamente sencillo.

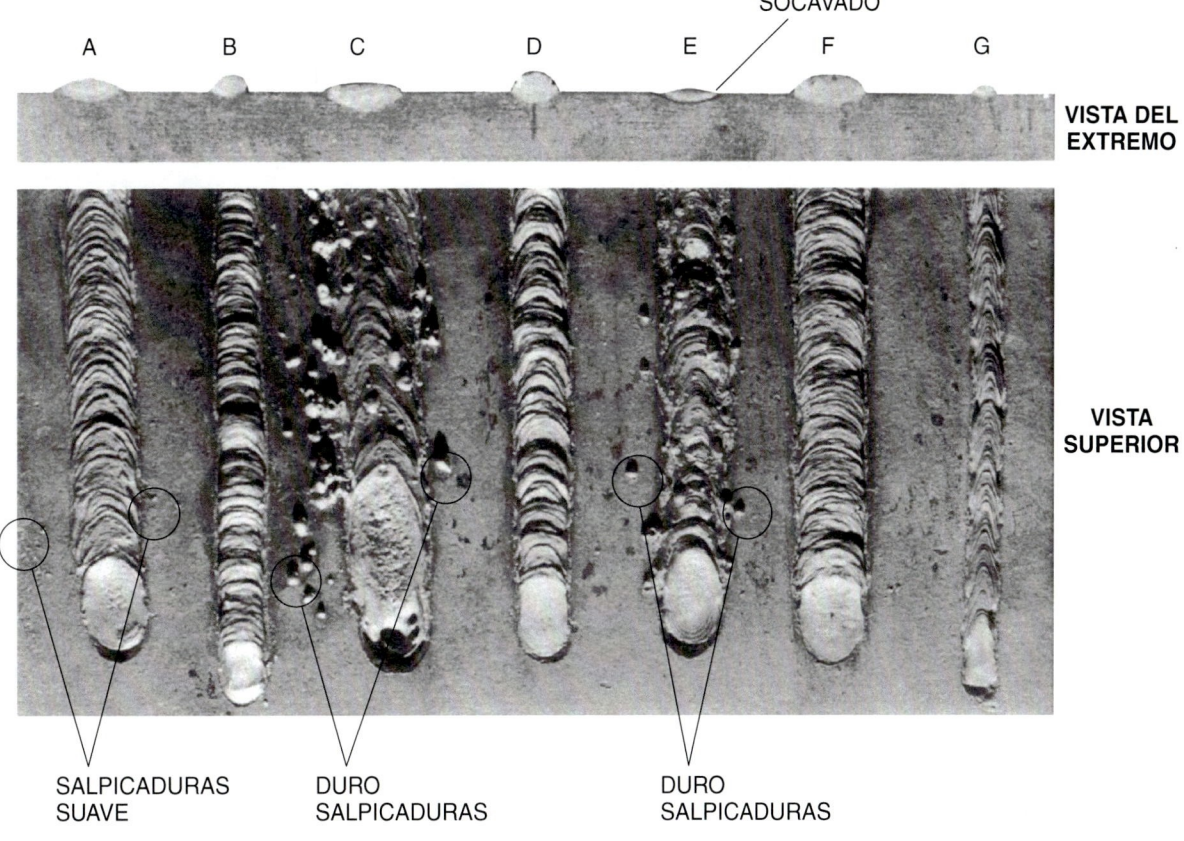

SOCAVADO

A B C D E F G

VISTA DEL EXTREMO

VISTA SUPERIOR

SALPICADURAS SUAVE

DURO SALPICADURAS

DURO SALPICADURAS

A = Corregir la longitud actual, de arco, y la velocidad de desplazamiento. Tenga en cuenta el salpicón quitar fácilmente (salpicaduras suave).

B = Actual demasiado bajo.

C = Actual está muy alto. Tenga en cuenta el salpicón duro (salpicaduras perfectamente adheridas al material de base que debe ser cincelada suelo o apagado). Tenga en cuenta los extremos puntiagudos de la cuenta que indique el baño de fusión estaba demasiado caliente y se enfría muy lentamente. Las impurezas son generalmente atrapados en la soldadura debido al enfriamiento lento.

D = La longitud del arco muy corta duración (bola estrechos, alta causada por la presión del arco).

E = La longitud del arco demasiado largo. Tenga en cuenta el duro y salpicaduras de grano inferiores de los bordes.

F = Velocidad de desplazamiento muy lento (bola de alta gama).

G = Velocidad de desplazamiento muy rápido. Tenga en cuenta los extremos puntiagudos de talón.

109F12.EPS

Figura 12 Efecto de la corriente, de la longitud del arco y de la velocidad de avance de la soldadura en cordones SMAW.

6.2.0 Práctica de cordones sin oscilación con E7018

Continúe formando cordones sin oscilación, esta vez usando electrodos de ⅛" (0,32 cm) de tipo E7018. Use los mismos ángulos de electrodo, pero no haga un movimiento de agite con el electrodo. Cuando forme todos los electrodos de bajo hidrógeno, el arco nunca debe dejar el charco de soldadura y el arco visible debe ser más corto que cuando se usa el electrodo E6010, debido a la vaina más gruesa y más larga del revestimiento fundente. Pueden aparecer defectos en la soldadura, como la fragilización por

hidrógeno, si el arco sale del charco de soldadura o si el arco es demasiado largo. El arco puede moverse dentro del charco de soldadura para controlar la forma del cordón.

6.3.0 Reinicio de una soldadura

Un reinicio, a veces denominado conexión, es el punto en el que se detiene un cordón de soldadura y empieza otro (*Figura 13*). Los reinicios son importantes porque la mayoría de las soldaduras SMAW no pueden hacerse sin al menos un reinicio, y porque un reinicio mal hecho producirá un defecto en la soldadura. El reinicio tiene que hacerse de manera tal que se combine sin problemas con el resto de la soldadura y no sobresalga. Esta técnica para hacer un reinicio es igual para los cordones sin oscilación y para los cordones tejidos. Siga los siguientes pasos para hacer un reinicio:

Paso 1 Justo antes de que se agote el electrodo anterior, aumente rápidamente la velocidad de soldadura para afilar la soldadura ¼" a ⅜" (0,64 cm a 0,95 cm) y luego quiebre el arco.

Paso 2 Pique la escoria de la sección afilada y el cráter.

Paso 3 Con un electrodo nuevo, vuelva a hacer un golpe de arco en frente del cráter y en línea con la soldadura. (Los códigos de soldadura no permiten formaciones de arco fuera del área que se va a soldar).

Paso 4 Coloque el electrodo nuevamente en la sección de soldadura afilada y forme el charco de soldadura con un movimiento circular y suave manteniendo la longitud de arco y los ángulos de electrodo correctos.

Paso 5 Comience el movimiento hacia adelante a medida que el cordón alcance el ancho adecuado y continúe soldando.

Paso 6 Inspeccione el reinicio. Un reinicio bien hecho se combinará con el cordón, lo cual lo hará difícil de detectar.

Si el reinicio presenta socavados, significa que no se dedicó suficiente tiempo en la afilación o en el cráter para contrarrestarlo. Si el socavado está sobre un lado o sobre el otro, use más movimiento de lado a lado al empezar la afilación. Si el reinicio presenta una joroba, significa que se llenó demasiado; pasó demasiado tiempo antes de reanudar el movimiento hacia adelante.

Continúe practicando los reinicios hasta que le salgan correctamente. Use las mismas técnicas para hacer los reinicios cada vez que efectúe una soldadura SMAW en otros tipos de soldadura.

6.4.0 Terminación de una soldadura

Las terminaciones se hacen al finalizar una soldadura. Una terminación deja un cráter. Para hacer una terminación, los códigos de soldadura exigen que el cráter se llene hasta la sección transversal completa de la soldadura. Esto puede resultar difícil, ya que la mayoría de las terminaciones están en el borde de una placa en la que el calor de la soldadura tiende a acumularse, lo cual dificulta aún más llenar el cráter.

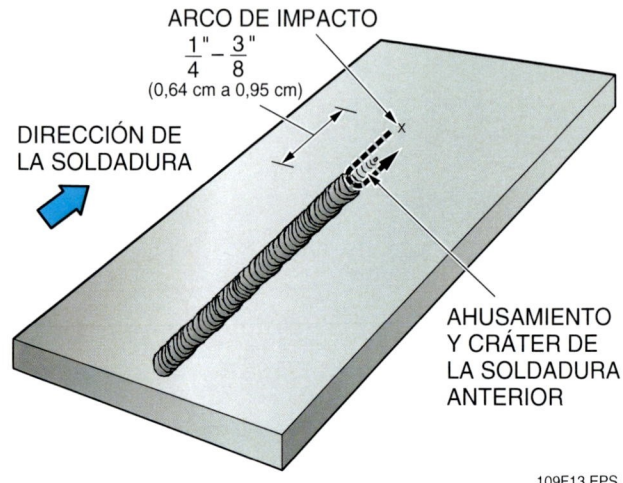

Figura 13 Reiniciar.

La técnica para hacer una terminación es básicamente la misma para todas las soldaduras SMAW (*Figura 14*):

Paso 1 A medida que se aproxima al final de una soldadura, empiece a parar el electrodo a 90 grados y disminuya el recorrido hacia adelante.

Paso 2 Detenga el movimiento hacia adelante a unas ⅛" (0,32 cm) del extremo de la placa e incline lentamente el electrodo a unos 10 grados hacia el comienzo de la soldadura.

Consejo importante

LASH

Para garantizar resultados de soldadura óptimos, recuerde LASH.

L *(longitud del arco)*: la distancia entre el electrodo y el metal base (por lo general el diámetro del electrodo).

A *(ángulo)*: dos ángulos son fundamentales:
- *Ángulo de avance:* ángulo longitudinal del electrodo en relación con el eje de la unión de soldadura.
- *Ángulo de trabajo:* ángulo transversal del electrodo en relación con el eje de la unión de soldadura.

S *(velocidad)*: la velocidad de avance se mide en pulgadas por minuto (IPM). El ancho de la soldadura se determinará si la velocidad de avance es correcta.

H *(calor)*: es controlado mediante el ajuste de amperaje y depende del diámetro del electro, el tipo de metal base, el espesor del metal base y la posición para soldar.

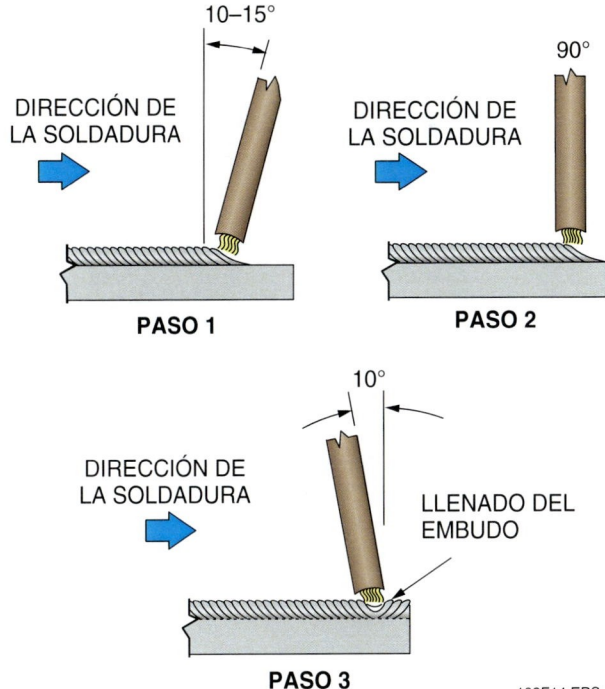

109F14.EPS

Figura 14 Terminación de la soldadura.

Paso 3 Haga un movimiento de ⅛" (0,32 cm) hacia la soldadura y quiebre el arco cuando se haya llenado el cráter.

Paso 4 Inspeccione la terminación. El cráter debe llenarse hasta el punto de la sección transversal completa de la soldadura.

6.5.0 Práctica de cordones tejidos con E6010

Practique la formación de cordones tejidos en posición plana usando electrodos E6010 o E6011 de ⅛" (0,32 cm). Después de formar el arco, el ángulo del electrodo debe ser de 10 a 15 grados en la dirección del recorrido y de manera perpendicular (a 90 grados) al metal base.

El cordón tejido se hace moviendo el electrodo hacia adelante y hacia atrás. Pueden usarse muchos patrones diferentes para hacer un cordón tejido, incluidos zigzags, patrones en J, medialunas, cuadrados, círculos y figuras en 8 (*Figura 15*). Al hacer un cordón tejido, tenga cuidado en los bordes para garantizar una conexión adecuada con el metal base. Para garantizar la conexión adecuada en los bordes, disminuya la velocidad o haga una pausa breve en los bordes. Extienda la pausa cuando use el movimiento en zigzag. La pausa en los bordes también aplanará la soldadura, lo cual le otorgará el perfil apropiado.

Comenzar y detener soldaduras con soleras

Otro método para eliminar los puntos de arranque y detención de soldadura es soldar con puntos las soleras para empezar (extender) y detener (parar) en la pieza de trabajo. Estas soleras permiten estabilizar el arco eléctrico y lograr una penetración correcta de la pieza de trabajo al comienzo y así eliminar el cráter de soldadura de la pieza de trabajo al final. Son especialmente útiles en soldaduras de ranura que requieren pasadas múltiples o cuando se utilizan electrodos con poco hidrógeno o de relleno rápido. Como ambos extremos de una soldadura de pasadas múltiples pueden reducirse, ayudan a controlar el relleno insuficiente y el quemado posterior al comienzo y al final de la soldadura. Una vez que se cortaron las soleras, la soldadura tendrá un ancho y una penetración constantes a lo largo de toda la pieza de trabajo.

Observe y escuche detenidamente la soldadura a medida que la realiza. Si la longitud, la velocidad, los ángulos y los movimientos del arco son correctos, se escuchará un sonido distintivo a fritura. Experimente haciendo cambios menores en estos factores y observe los efectos.

Siga los siguientes pasos para formar cordones tejidos (*Figura 16*):

Paso 1 Forme un arco y coloque el electrodo en un ángulo de arrastre. Asegúrese de que el electrodo esté en línea perpendicular al metal base (ángulo de trabajo de 0 grados).

Paso 2 Mantenga el arco en el lugar hasta que el charco de soldadura se ensanche casi el doble del diámetro del electrodo.

Paso 3 Mueva lentamente el arco hacia adelante en un movimiento de tejido manteniendo una longitud de arco constante.

¡ADVERTENCIA! Siempre utilice protección para la cara para evitar que escoria caliente golpee su rostro.

Ancho del cordón tejido

Si bien el ancho común de un cordón derecho es de dos a tres veces el diámetro del electrodo, el ancho del cordón para un cordón tejido puede ser de hasta ocho veces el diámetro del electrodo, pero no debe superar este valor.

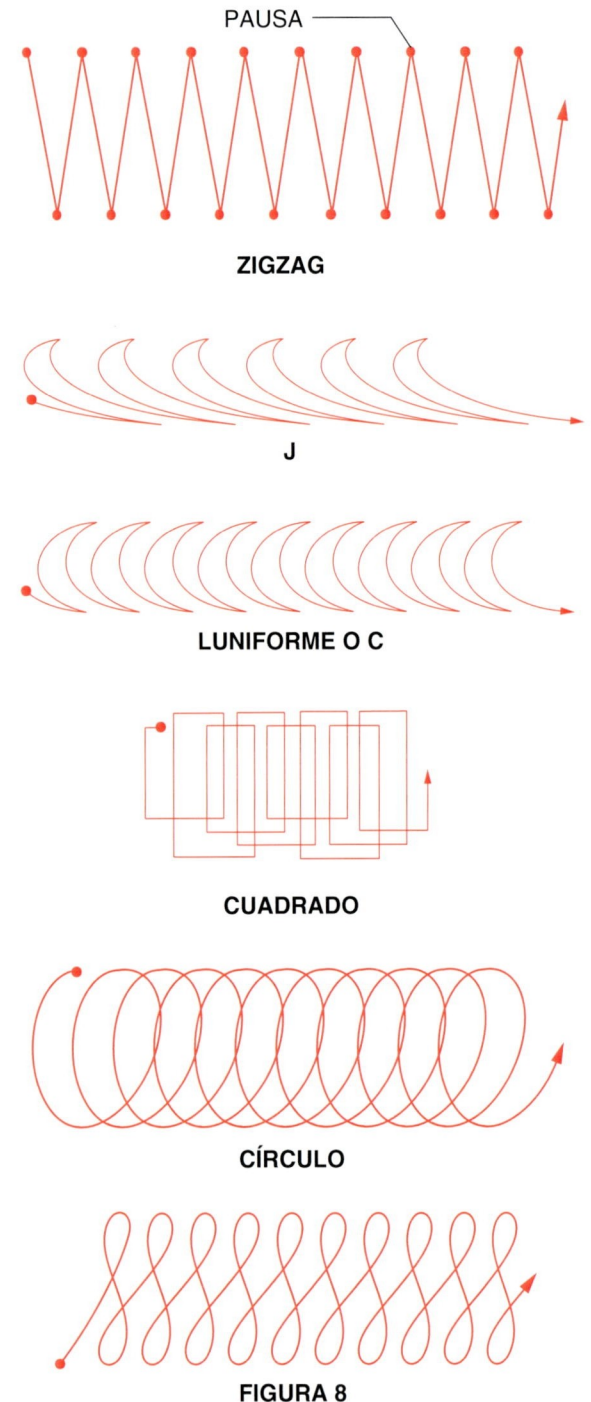

ZIGZAG

J

LUNIFORME O C

CUADRADO

CÍRCULO

FIGURA 8

109F15.EPS

Figura 15 Movimientos de entretejido.

CORDÓN TEJIDO

109F16.EPS

Figura 16 Cordón tejido.

Paso 4 Continúe soldando hasta que se forme un cordón tejido de unas 2" a 3" (5,08 cm a 7,62 cm) y luego quiebre el arco elevando rápidamente el electrodo en línea recta ascendente. En el punto donde se quebró el arco quedará un cráter. Pique y retire la escoria de alrededor del cráter.

Paso 5 Haga un reinicio y continúe soldando hasta finalizar la placa.

Paso 6 Pique la escoria de soldadura con un cincelador.

Paso 7 Limpie el cordón con un cepillo de alambre.

Paso 8 Pídale al instructor que inspeccione el cordón, el cual debe tener las siguientes características:
- Cordón de soldadura en línea recta hasta $\frac{1}{8}$" (0,32 cm).
- Apariencia uniforme en la cara del cordón
- Transición plana y lisa con fusión completa en los bordes de la soldadura
- Cráter y reinicios llenos hasta la sección transversal completa de la soldadura
- Sin porosidad
- Sin desplazamientos excesivos en los bordes
- Sin inclusiones
- Sin grietas
- Sin superposición

Continúe soldando cordones tejidos hasta que le salgan cordones aceptables cada vez que lo intente.

6.6.0 Práctica de cordones tejidos con E7018

Repita la formación de cordones tejidos usando electrodos E7018 de ⅛" (0,32 cm). Use los mismos ángulos de electrodo, pero no haga un movimiento de agite con el electrodo. Cuando forme electrodos de bajo hidrógeno, el arco nunca debe dejar el charco de soldadura, y el arco visible debe ser más corto que al usar el electrodo E6010. Pueden producirse defectos en la soldadura, como porosidad o fragilización por hidrógeno, si el arco es demasiado largo o si deja el charco de soldadura. El arco puede moverse dentro del charco de soldadura para controlar la forma del cordón.

7.0.0 CORDONES SUPERPUESTOS

Los cordones superpuestos se hacen depositando cordones tejidos conectivos en forma paralela uno respecto del otro. Los cordones paralelos se superponen y forman una superficie plana. Esta técnica también se denomina compensación. Los cordones superpuestos se usan para construir una superficie y para hacer pasadas de soldadura múltiples. Pueden superponerse tanto cordones encordados como tejidos. Los cordones que están superpuestos correctamente, cuando se observan desde el final, forman una superficie relativamente plana (*Figura 17*).

7.1.0 Práctica de cordones superpuestos con E6010

Los cordones sin oscilación superpuestos tienen que limpiarse con cuidado para evitar la inclusión de escoria. El espesor de la superposición tiene que ser relativamente parejo para que no sea necesario tornear la superficie. Siga los siguientes pasos para soldar cordones encordados superpuestos usando electrodos E6010 de ⅛" (0,32 cm):

Paso 1 Marque un cuadrado de 4" (10,16 cm) sobre un trozo de acero.

Paso 2 Suelde un cordón sin oscilación a lo largo de un borde.

Paso 3 Limpie la soldadura.

Paso 4 Después de formar un arco para el siguiente cordón sin oscilación, y con el ángulo de recorrido adecuado, coloque el electrodo en un ángulo de trabajo de 10 a 15 grados respecto del costado del cordón anterior a fin de obtener una conexión apropiada (*Figura 18*).

Paso 5 Continúe formando cordones encordados hasta abarcar el cuadrado de 4" (10,16 cm).

> **¡ADVERTENCIA!**
>
> El metal base estará muy caliente a medida que se acumula. Utilice pinzas para tomarlo y sumergirlo en agua para enfriarlo. Tenga cuidado con el vapor caliente al realizar esta tarea.

Paso 6 Continúe construyendo capas de cordones encordados, uno arriba del otro, hasta perfeccionar la técnica.

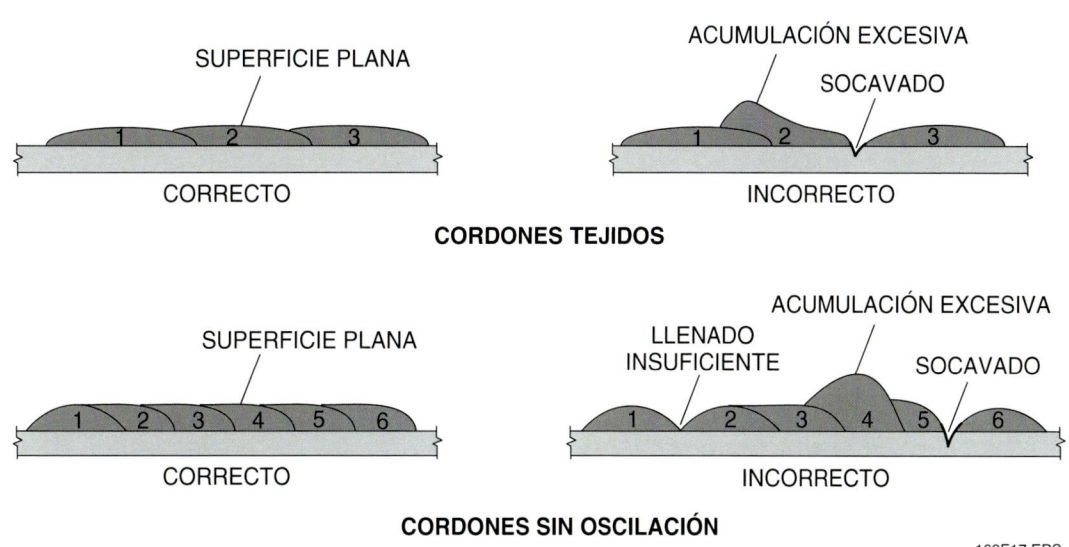

109F17.EPS

Figura 17 Cordones superpuestos correctos e inapropiados.

Continúe soldando cordones superpuestos usando la técnica de tejido. Recuerde inclinar el electrodo hacia el cordón anterior para obtener una buena conexión.

7.2.0 Práctica de cordones superpuestos con E7018

Repita la soldadura de cordones superpuestos usando electrodos E7018 de ⅛". Construya una plataforma usando cordones sin oscilación y luego continúe la plataforma usando cordones tejidos, como indica la *Figura 18*. Mantenga un arco corto y no haga un movimiento de batido con el electrodo.

8.0.0 SOLDADURAS DE FILETE

Una soldadura de filete es una soldadura que tiene una forma triangular en la sección transversal y se usa en uniones en forma de T, de traslape o en esquinas. Los tamaños y las ubicaciones de las soldaduras de filete se detallan en forma de símbolos de soldadura. Los dos tipos de soldaduras de filete son la convexa y la cóncava (*Figura 19*). Una soldadura de filete convexa tiene una superficie combada hacia afuera, como la cara externa de una pelota. Una soldadura de filete cóncava tiene una superficie curvada hacia adentro como la superficie interna de un recipiente.

Los siguientes términos se utilizan para describir varios aspectos de soldaduras de filete:

- *Cara de la soldadura*: superficie expuesta de la soldadura.
- *Lado*: distancia desde la raíz de la unión hasta el borde de la soldadura de filete.
- *Borde de la soldadura*: unión entre la cara de una soldadura y el metal base.
- *Raíz de la soldadura*: punto que se muestra en la sección transversal donde el metal de soldadura se interseca con el metal base y se extiende más allá en la unión de la soldadura.
- *Tamaño*: longitudes de los lados del triángulo rectángulo que puede trazarse dentro de la sección transversal de una soldadura de filete.
- *Garganta actual*: la distancia más corta desde la raíz de la soldadura hasta la cara.
- *Garganta efectiva*: distancia mínima, menos cualquier convexidad desde la raíz de la soldadura hasta su cara.
- *Garganta teórica*: la distancia desde donde comienza la raíz de la unión (con una abertura cero) que es perpendicular a la hipotenusa del triangulo rectángulo más grande que puede trazarse dentro de la sección transversal de una soldadura de filete.

Tal como se indica en la *Figura 20*, las soldaduras de filete pueden tener un lado igual o un lado desigual. La cara puede ser una levemente convexa, plana o levemente cóncava. Los códigos de

109F18.EPS

Figura 18 Ángulo de trabajo del electrodo para cordones superpuestos y acumulación de relleno con electrodos E7018.

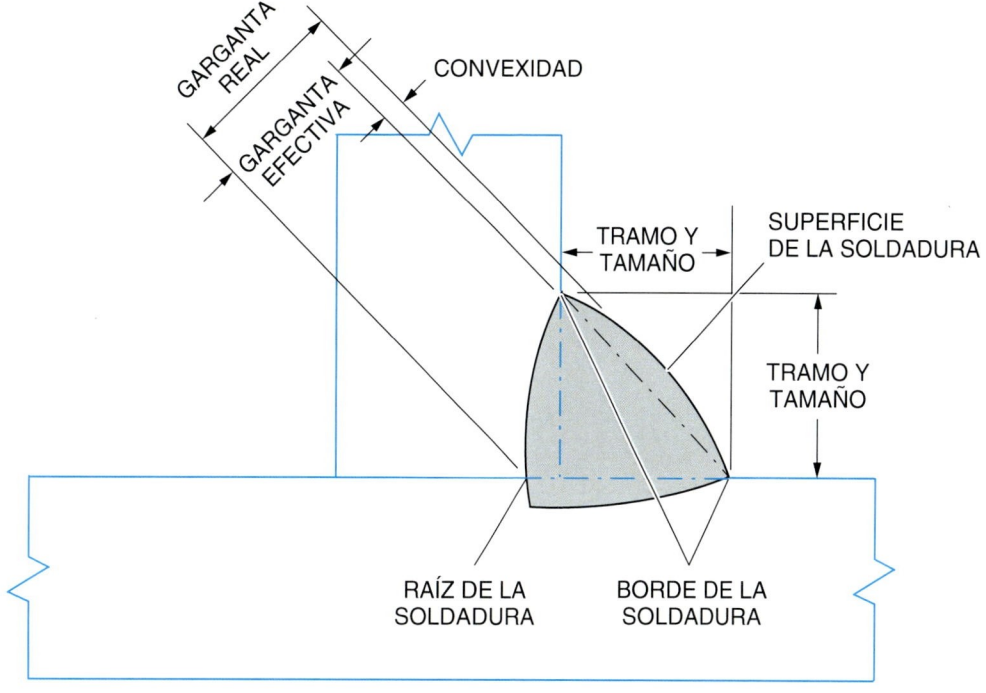

SOLDADURA DE FILETE CONVEXA

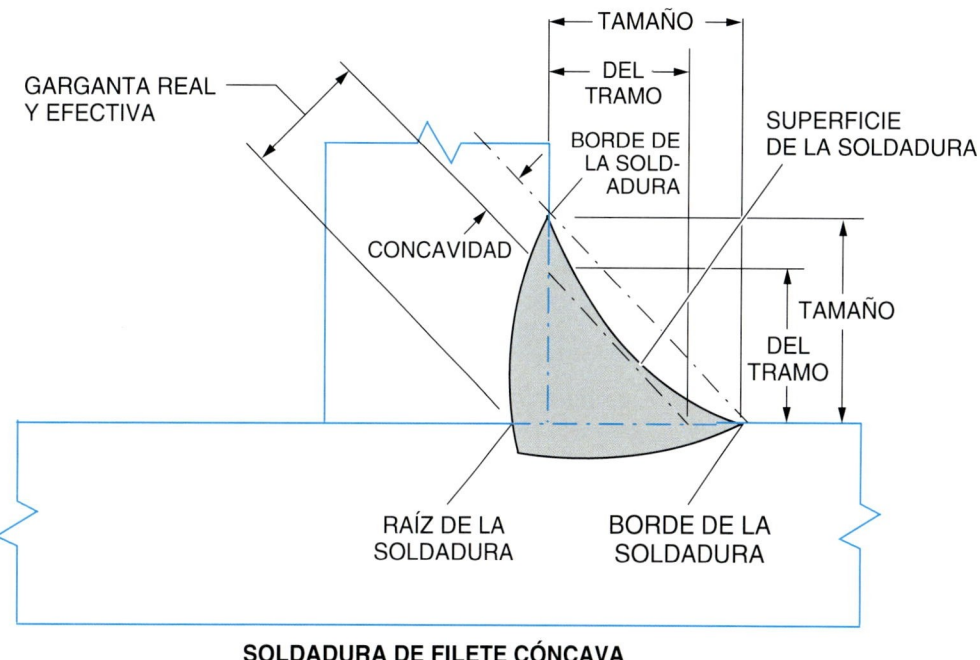

SOLDADURA DE FILETE CÓNCAVA

109F19.EPS

Figura 19 Soldaduras de filete convexas y cóncavas.

soldadura requieren que las soldaduras de filete tengan una cara cóncava o convexa a pesar de que una cara que no sea totalmente uniforme también se acepta. La convexidad de una soldadura de filete o el cordón de la superficie individual no debe superar 0,07 veces el ancho de la cara actual o el cordón de la superficie individual más 0.06" (0,15 cm).

> **NOTA**
> Consulte los requisitos específicos para soldaduras de filete que se encuentran en el WPS del sitio de trabajo. La información de este módulo se proporciona sólo a modo de referencia general. Las especificaciones de calidad o de WPS del lugar de trabajo deben cumplirse para todas las soldaduras. Consulte al supervisor si no está seguro de las especificaciones para su aplicación.

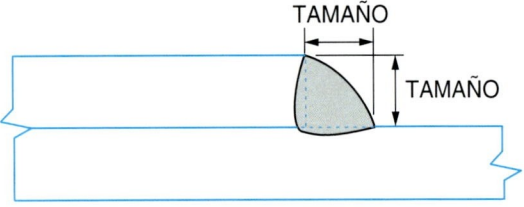

SOLDADURA DE FILETE CON LADO IGUAL

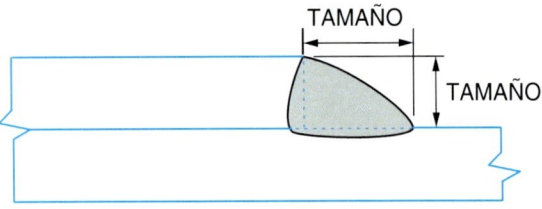

SOLDADURA DE FILETE CON LADO DESIGUAL

109F20.EPS

Figura 20 Soldaduras de filete con lado igual y lado desigual.

Una soldadura de filete es inaceptable y debe repararse si el perfil tiene una garganta insuficiente, una convexidad excesiva, un socavado excesivo, una superposición, un lado insuficiente o una fusión incompleta, tal como se indica en la *Figura 21*.

Contornos preferidos de soldadura de filete

En soldaduras de filete de cordón tejido y de una pasada donde dos piezas de trabajo se unen en un ángulo (no unión de solape), las caras planas o levemente convexas se prefieren generalmente porque las tensiones de la soldadura se distribuyen de manera más uniforme a través del filete y piezas de trabajo.

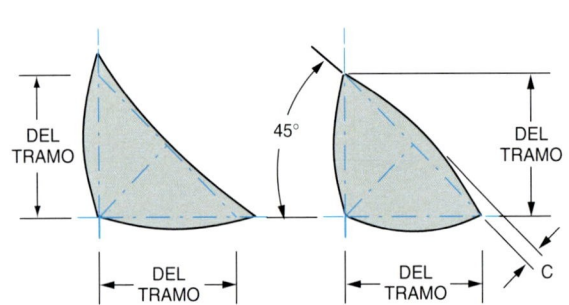

PERFILES IDEALES DE LA SOLDADURA DE FILETE

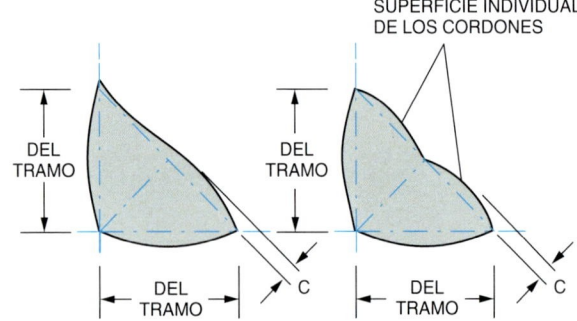

PERFILES ACEPTABLES DE LA SOLDADURA DE FILETE

C = CONVEXIDAD

| SOLDADURA DEMASIADO PEQUEÑA (GARGANTA INSUFICIENTE) | CONVEXIDAD EXCESIVA | SOCAVADO EXCESIVO | SUPERPOSICIÓN | SOLDADURA DEMASIADO PEQUEÑA (TRAMO INSUFICIENTE) | FUSIÓN INCOMPLETA |

PERFILES NO ACEPTABLES DE LA SOLDADURA DE FILETE

109F21.EPS

Figura 21 Perfiles de soldadura de filete aceptables e inaceptables.

Las soldadura de filete requieren muy poca preparación del metal base, salvo para limpiar el área de la soldadura y para eliminar todas las escorias de las superficies de corte. Cualquier escoria de corte por oxicombustible, por arco con electrodos de carbón o por arco eléctrico con plasma producirá porosidad en la soldadura. Por este motivo, los códigos requieren que todas las escorias se eliminen antes de realizar la soldadura.

8.1.0 Posiciones de la soldadura de filete

Las soldaduras de filete más comunes se realizan en uniones en T y de traslape. La posición de la soldadura para la placa se determina mediante el eje de soldadura y la orientación de la pieza de trabajo. Las posiciones para la soldadura de filete en la placa son planas, o 1F (la letra F representa a filete); horizontal, o 2F; vertical, o 3F; y elevada, o 4F (*Figura 22*). En las posiciones 1F y 2F, el eje de soldadura puede inclinarse hasta 15 grados. Toda inclinación del eje de soldadura para las otras posiciones varía con la posición giratoria de la cara de soldadura tal como se especifica en las normas AWS.

8.2.0 Práctica de soldaduras de filete horizontales con E6010 (posición 2F)

Realice una soldadura (2F) de filete horizontal al colocar soldaduras de filete de pasadas múltiples en una unión en T con electrodos E6010 de ⅛" (0,32 cm). Al realizar soldaduras de filete horizontal, preste suma atención a los ángulos de electrodos y la velocidad de avance de la soldadura. Para el primer cordón, el ángulo de trabajo del electrodo es de 45 grados. El ángulo de trabajo se ajusta para todas las demás soldaduras. Aumente o disminuya la velocidad de avance de la soldadura para controlar la cantidad de acumulación de metal de la soldadura.

Siga los siguientes pasos para realizar una soldadura de filete horizontal:

Paso 1 Suelde con puntos dos placas juntas para formar una unión en T para el cupón de soldadura de filete (*Figura 23*). Limpie las soldaduras de punto.

Paso 2 Coloque el cupón en la mesa de soldar.

Paso 3 Extienda el primer cordón a lo largo de la raíz de la unión con un ángulo de trabajo de electrodo de aproximadamente 45 grados con un ángulo de arrastre de 10 a 15 grados. Utilice un movimiento de tejido C o J o de avance, y empuje el arco

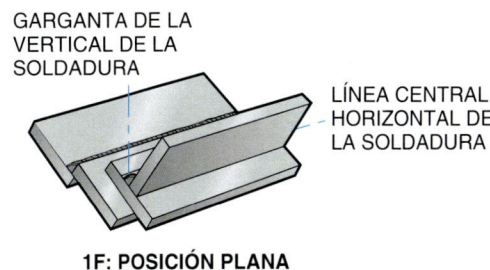

1F: POSICIÓN PLANA

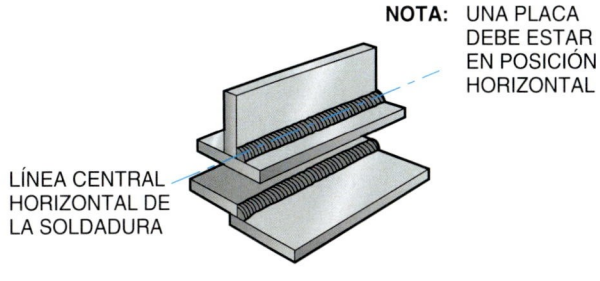

2F: POSICIÓN HORIZONTAL

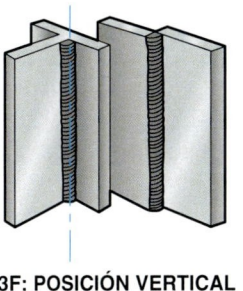

3F: POSICIÓN VERTICAL

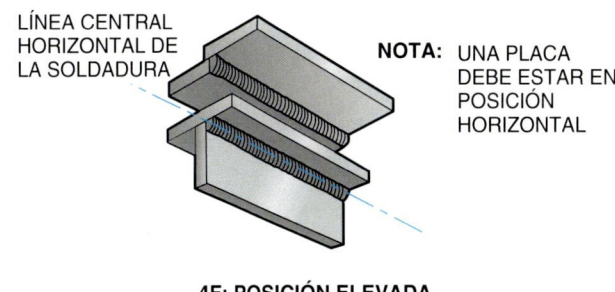

4F: POSICIÓN ELEVADA

109F22.EPS

Figura 22 Posiciones de soldadura de filete para la placa.

en la raíz. Mantenga la raíz de la unión de manera que se fundan juntas o, de lo contrario, aparecerá una muesca en el borde filoso del cordón.

Paso 4 Limpie la soldadura al cincelar la escoria y pase un cepillo de alambre por la soldadura.

NOTA: METAL BASE, ACERO AL CARBONO DE AL MENOS 1/4" (0,64 cm) DE ESPESOR

109F23.EPS

Figura 23 Cupón de la soldadura de filete.

Paso 5 Con un movimiento de **oscilación** o de avance suave, coloque el segundo cordón a lo largo del borde inferior de la primera soldadura y superponga alrededor del 75 % del primer cordón. Utilice el ángulo de trabajo del electrodo que se indica en la *Figura 24*.

Paso 6 Limpie la soldadura.

Paso 7 Repite los pasos 5 y 6 para cada pasada de cordón restante. Extienda los cordones a lo largo de los bordes de los cordones subyacentes y superpóngalos alrededor del 50 %.

Paso 8 Solicite al instructor que inspeccione la soldadura. La soldadura se acepta si reúne las siguientes características:
- Apariencia uniforme en la cara del cordón
- Cráteres y reinicios completos en la sección transversal total de la soldadura
- Tamaño de la soldadura uniforme de $\pm\frac{1}{16}$" (0,16 cm)
- Perfil de soldadura aceptable conforme al código aplicable
- Transición suave con fusión completa en los bordes de la soldadura
- Sin porosidad
- Sin socavado
- Sin superposición
- Sin inclusiones
- Sin grietas

Probar la disipación del calor en la unión

En uniones en T, el calor de la soldadura se disipa más rápidamente en el miembro más grueso o no colocado a tope. En varias pasadas del cordón, es posible que el arco se concentre ligeramente más en el miembro más grueso o no colocado a tope para compensar la pérdida de calor.

Socavado de la placa vertical de la unión en T

El defecto más común de las uniones en T es el socavado en la placa vertical de la unión. Un tejido en J elimina este problema. Sin embargo, si el problema persiste, oriente el arco levemente hacia la placa vertical y el cordón en la parte superior del tejido forzará más metal en el cordón en el borde superior de la soldadura.

8.3.0 Práctica de soldaduras de filete horizontales con E7018 (posición 2F)

Repita la soldadura de filete horizontal (2F) utilizando electrodos E7018 de ⅛" (0,32 cm). Emplee el mismo procedimiento, la misma secuencia de cordón y lo mismos ángulos de electrodo que se utilizaron para la soldadura de filete horizontal con electrodos E6010. Utilice un arco corto y no agite el electrodo.

8.4.0 Práctica de soldaduras de filete vertical con E6010 (posición 3F)

Realice una soldadura de filete vertical (3F) al colocar soldaduras de filete de pasadas múltiples en una unión en T con electrodos E6010 de ⅛" (0,32 cm). Normalmente, las soldaduras verticales se logran al soldar hacia arriba, desde la parte inferior a la superior utilizando un ángulo de empuje de electrodo (ángulo hacia arriba). Debido a la soldadura hacia arriba y el ángulo de empuje, este tipo de soldadura también se denomina soldadura de filete vertical hacia arriba. Con la soldadura vertical, se pueden utilizar cor-

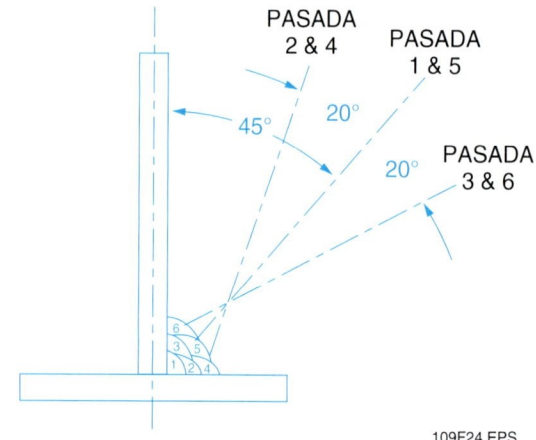

109F24.EPS

Figura 24 Ángulos de trabajo y secuencias de soldadura 2F de pasadas múltiples.

dones sin oscilación o tejidos. En el trabajo, el WPS del sitio o la norma de calidad determinarán la técnica a utilizar. Por lo general, los cordones tejidos se utilizan con electrodos E6010 y, para soldar acero al carbono, con electrodos E7018. Los cordones sin oscilación se utilizan generalmente para soldar acero de aleación con electrodos de bajo hidrógeno.

> **NOTA**
> Consulte al instructor si debe extender cordones sin oscilación o cordones tejidos, o aplicar ambas técnicas.

Siga estos pasos para realizar una soldadura de filete vertical hacia arriba:

Paso 1 Suelde con puntos dos placas juntas para formar una unión en T para el cupón de soldadura de filete.

Paso 2 Suelde con puntos el cupón en posición vertical.

Paso 3 Extienda el primer cordón a lo largo de la raíz de la unión (comenzando desde abajo) y utilice un ángulo (trabajo) de electrodo de 45 grados aproximadamente con un ángulo de empuje de 0 a 10 grados. Agite al elevar rápidamente el electrodo alrededor de $\frac{1}{4}$" (0,64 cm) y, luego, bájelo hasta el charco de soldadura. Deténgase en el charco de soldadura para llenar el cráter. Para un cordón sin oscilación, utilice la misma técnica. Consulte la

Consejo importante

Soldado con puntos y alineación de piezas de trabajo

Al soldar con puntos dos piezas de trabajo, ambos lados de las piezas de trabajo se sueldan generalmente con puntos con soldaduras de $\frac{1}{2}$" (1,27 cm) de largo aproximadamente, para posicionar las piezas de trabajo y disminuir la distorsión cuando se realizan las soldaduras finales. Después de la primera soldadura con puntos, utilice un martillo y otra herramienta para alinear las piezas de trabajo de lado a lado y de extremo a extremo; luego suelde con puntos el lado opuesto. Suelde con puntos los extremos de las piezas de trabajo de la misma manera. Se pueden realizar soldaduras de punto cada 5" a 6" (12,7 cm a 15,24 cm) según sea necesario, para disminuir la distorsión en sentido longitudinal.

Figura 25 para obtener información sobre el reemplazo del cordón.

Paso 4 Limpie la soldadura al cincelar la escoria y pase un cepillo de alambre por la soldadura.

Paso 5 Extienda el segundo cordón mediante una técnica de tejido, como un patrón C. Utilice un movimiento lento a lo largo de la cara de la soldadura y deténgase en cada borde para que penetre y llene el cráter. Un movimiento de agite suave puede utilizarse para controlar el charco al alcanzar el borde. Ajuste la velocidad de avance de la soldadura a lo largo de la cara de la soldadura para controlar la acumulación. La *Figura 26* muestra la secuencia del cordón y los ángulos de electrodo para cordones tejidos (todos los grados que se muestran son aproximados). En la práctica, todas las pasadas del cordón se extienden por la longitud total de la soldadura.

Paso 6 Limpie la soldadura.

Paso 7 Continúe extendiendo los cordones de soldadura tal como se indica en la *Figura 26*.

Paso 8 Limpie la soldadura.

Paso 9 Solicite al instructor que inspeccione la soldadura. La soldadura se acepta si reúne las siguientes características:
- Apariencia uniforme en la cara del cordón
- Cráteres y reinicios completos en la sección transversal total de la soldadura
- Tamaño de la soldadura uniforme de $\pm\frac{1}{16}$" (0,16 cm)
- Perfil de soldadura aceptable conforme al código aplicable
- Transición suave con fusión completa en los bordes de la soldadura
- Sin porosidad
- Sin socavado
- Sin superposición
- Sin inclusiones
- Sin grietas

8.5.0 Práctica de soldaduras de filete vertical con E7018 (posición 3F)

Repita la soldadura (3F) de filete vertical utilizando electrodos E7018 de $\frac{1}{8}$" (0,32 cm). Para pasadas de raíz y cordones de llenado cordones sin oscilación, realice un movimiento rápido de lado a lado moviendo el electrodo alrededor de $\frac{1}{8}''$ (0,32 cm) sin quitar el arco del charco de soldadura. Deténgase un poco en cada borde para que penetre y llene el cráter para evitar socavados. El ángulo de trabajo el electrodo debe ser de 45 grados aproximadamente con un ángulo de empuje hacia arriba de 0 a 10 grados. Para los cordones sin oscilación restantes, utilice un ángulo de tra-

bajo de electrodo de ±20 grados aproximadamente desde los 45 grados como se solicita.

Si se utilizarán cordones sin oscilación, utilice los mismos ángulos de trabajo de electrodo que los de la pasada de raíz. Para los cordones de relleno, realice un movimiento lento a lo largo de la cara y aumente o disminuya la velocidad de avance de la soldadura para controlar la acumu-

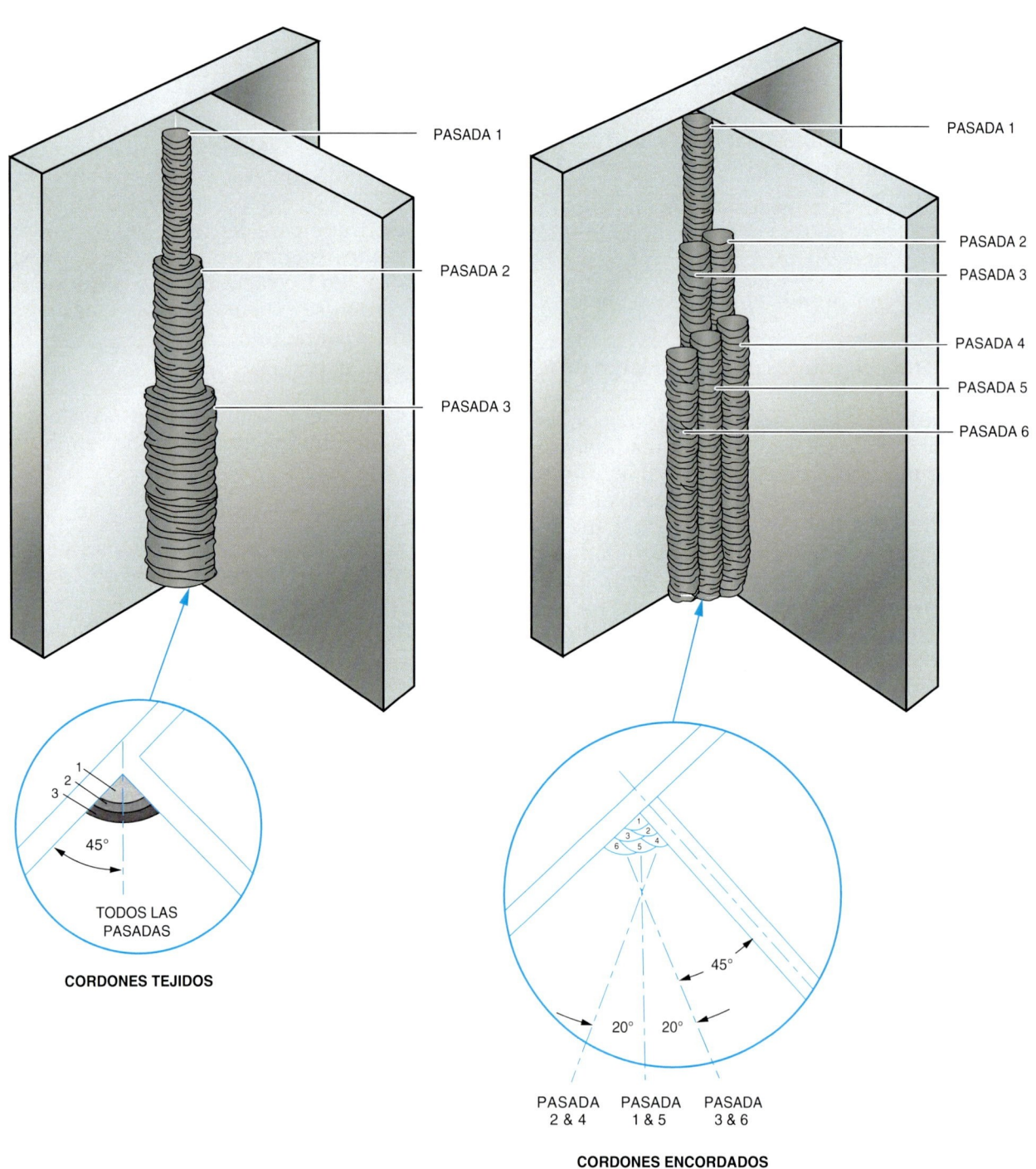

109F25.EPS

Figura 25   Ángulos de trabajo y secuencias de soldadura 3F de pasadas múltiples (E7018).

9.24 SOLDADURA *Nivel 1*

lación. Recuerde utilizar un arco corto. No agite el electrodo.

La *Figura 25* muestra la secuencia de pasada del cordón y el ángulo del electrodo para cordo-nes sin oscilación y tejidos. Todos los grados que se muestran son aproximados. Recuerde que todas las pasadas del cordón deben extenderse a lo largo de toda la longitud de la soldadura.

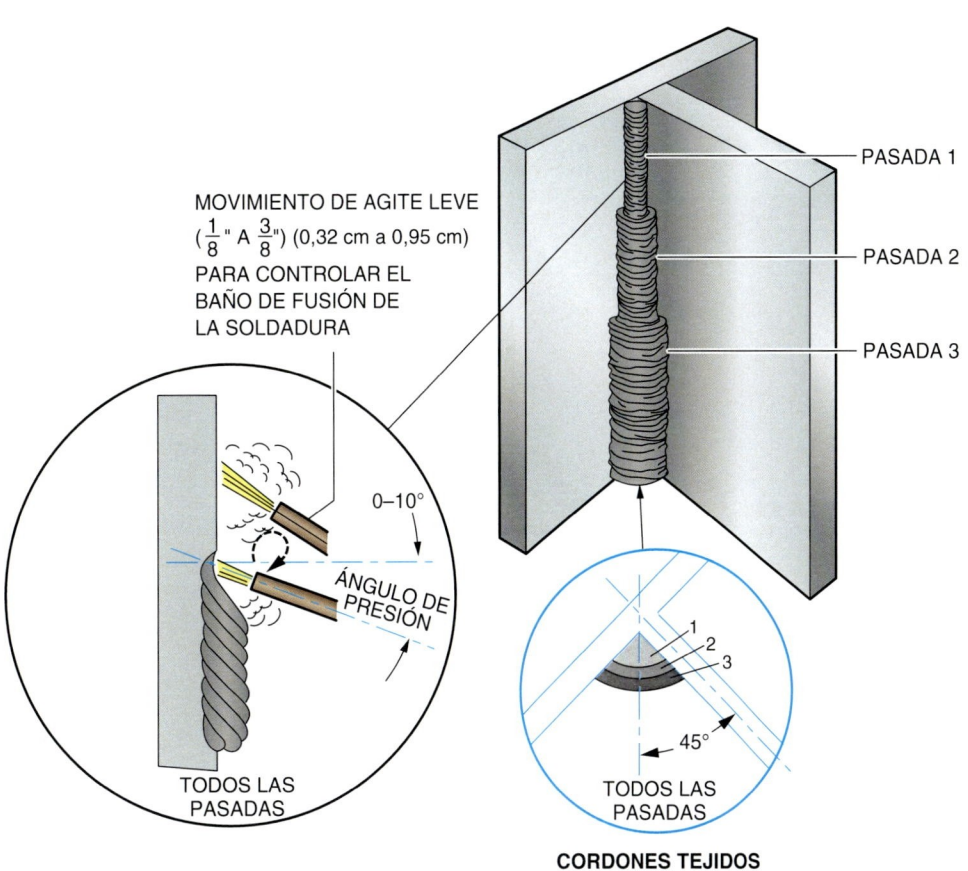

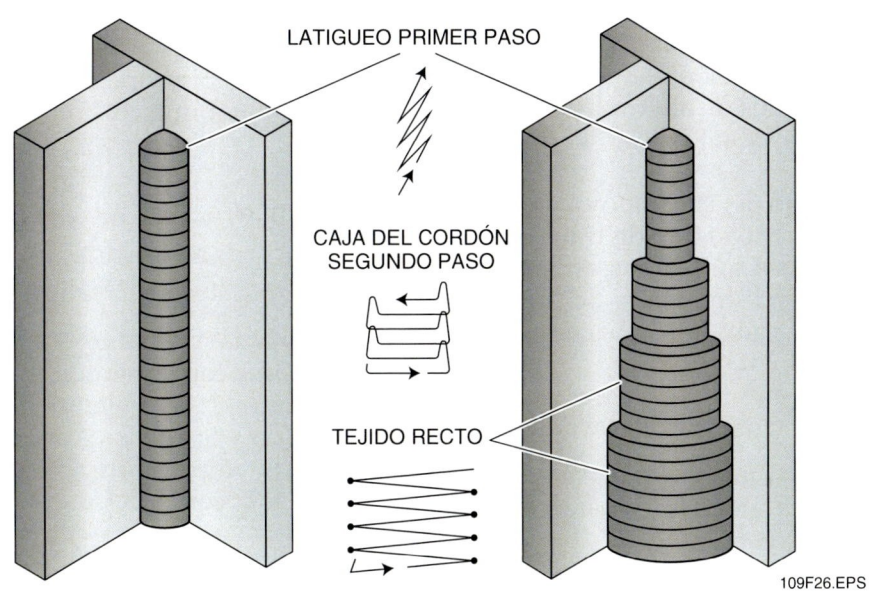

109F26.EPS

Figura 26   Ángulos de trabajo y secuencias de soldadura 3F de pasadas múltiples (E6010).

Cordón tejido vertical

Para ayudar a controlar el socavado, un patrón alternativo como tejido triangular pequeño puede utilizarse en soldaduras verticales. Al detener la varilla en los bordes, el socavado anterior puede rellenarse. Esta acción también creará un socavado en el baño de fusión de soldadura, pero será rellenado en el próximo tejido.

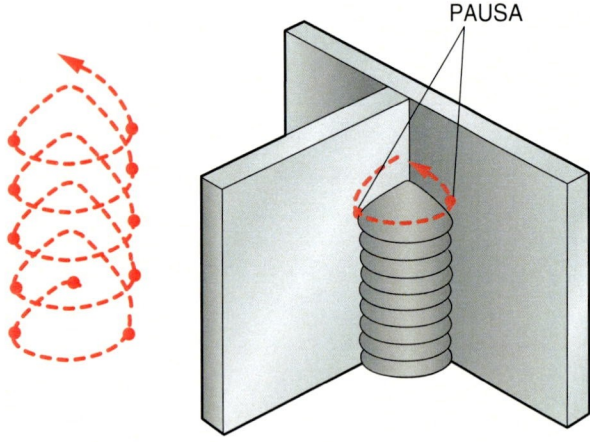

PATRÓN TRIANGULAR DE TEJIDO

109SA05.EPS

8.6.0 Práctica de soldaduras de filete en posición elevada con E6010 (posición 4F)

Realice una soldadura (4F) de filete en posición elevada al realizar soldaduras de filete convexas de pasadas múltiples en una unión en T con electrodo E6010 de ⅛" (0,32 cm). Al realizar soldaduras de filete en posición elevada, preste suma atención a los ángulos de electrodos y a la velocidad de avance de la soldadura. Para el primer cordón, el ángulo de trabajo del electrodo es de 45 grados aproximadamente. El ángulo de trabajo se ajusta para todas las demás soldaduras. Aumente o disminuya la velocidad de avance de la soldadura para controlar la cantidad de acumulación de metal de la soldadura.

Siga los siguientes pasos para realizar una soldadura de filete en posición elevada:

Paso 1 Suelde con puntos dos placas juntas para formar una unión en T para el cupón de soldadura de filete.

Paso 2 Suelde con puntos el cupón para que esté en la posición elevada.

Paso 3 Extienda el primer cordón a lo largo de la raíz de la unión con un ángulo de trabajo de electrodo de aproximadamente 45 grados con un ángulo de arrastre de 10 a 15 grados. Con una oscilación suave (movimiento circular o de lado a lado), conecte la soldadura a los bordes.

Paso 4 Limpie la soldadura.

Paso 5 Con un movimiento de oscilación suave, extienda el segundo cordón a lo largo del borde inferior de la primera soldadura y superpóngala alrededor del 75 % del primer cordón. Utilice el ángulo de trabajo del electrodo que se muestra en la *Figura 27*.

Paso 6 Limpie la soldadura.

Paso 7 Repite los pasos 5 y 6 para cada pasada de cordón restante. Extienda los cordones a lo largo de los bordes de soldadura de los cordones subyacentes y superpóngalos alrededor del 50 %.

Paso 8 Solicite al instructor que inspeccione la soldadura. La soldadura se acepta si reúne las siguientes características:
- Apariencia uniforme en la cara del cordón
- Cráteres y reinicios completos en la sección transversal total de la soldadura
- Tamaño de la soldadura uniforme de $\pm\frac{1}{16}$"
- Perfil de soldadura aceptable conforme al código aplicable
- Transición suave con fusión completa en los bordes de la soldadura
- Sin porosidad
- Sin socavado
- Sin superposición
- Sin inclusiones
- Sin grietas

8.7.0 Práctica de soldaduras de filete en posición elevada con E7018 (posición 4F)

Repita la soldadura (4F) de filete en posición elevada con electrodos E7018 de ⅛". Emplee el mismo procedimiento, la misma secuencia de cordón y los mismos ángulos de electrodo que se utilizaron para la soldadura de filete en posición elevada con electrodos E6010. Utilice un arco corto y no agite el electrodo.

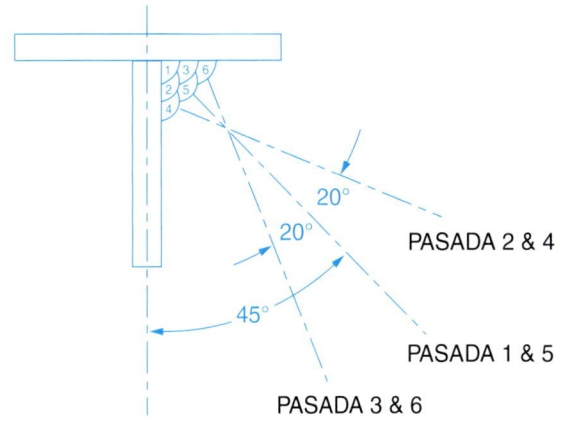

PASADA 2 & 4

PASADA 1 & 5

PASADA 3 & 6

109F27.EPS

Figura 27 Ángulos de trabajo y secuencias de soldadura 4F de pasadas múltiples.

Soldaduras de filete vertical

Al realizar soldaduras de filete vertical, preste suma atención a los ángulos de electrodos y a la velocidad de avance de la soldadura. Para el primer cordón, el ángulo de trabajo del electrodo es de 45 grados aproximadamente. El ángulo de trabajo se ajusta para todas las demás soldaduras. Aumente o disminuya la velocidad de avance de la soldadura para controlar la cantidad de acumulación de metal de la soldadura.

1. ¿Cuál de los siguientes es un gas que se utilizará para purgar un recipiente antes de soldar o cortar?

   a. Oxígeno
   b. Metano
   c. Nitrógeno
   d. Propano

2. Al preparar la práctica para realizar soldaduras de filete, corte el metal en _____ para la base.

   a. rectángulos de 3" × 6" (7,62 × 15,24 cm)
   b. rectángulos de 4" × 6" (10,16 × 15,24 cm)
   c. cuadrados de 4" × 4" (10,16 × 10,16 cm)
   d. cuadrados de 6" × 6" (15,24 × 15,24 cm)

3. Al formar un arco, la regla general para la longitud del arco es que dicha longitud sea _____ del electrodo que se utiliza.

   a. doble del diámetro
   b. mitad del diámetro
   c. tres cuartos del diámetro
   d. el diámetro

4. La forma más fácil de formar un arco es el método _____.

   a. raspado
   b. puesta a tierra
   c. tejido
   d. golpes suaves

5. El soplo de arco de CC puede provocar defectos como chisporroteos excesivos de soldadura y _____.

   a. porosidad
   b. quemado
   c. mayor campos magnéticos
   d. menor campos magnéticos

6. Un cordón de soldadura con muy poco movimiento de electrodo o ninguno se denomina un cordón (de) _____.

   a. arco eléctrico
   b. tejido
   c. sin oscilación
   d. agite suave

7. Después de formar un arco eléctrico al practicar soldaduras encordadas, el ángulo del eje del electrodo será de 15 grados en la dirección de avance y en un ángulo de trabajo de 0 que está a _____ grados del metal base.

    a. 30
    b. 45
    c. 60
    d. 90

8. El punto donde un cordón de soldadura se detiene y otro comienza se denomina _____.

    a. retroceso
    b. reinicio
    c. tejido
    d. combinación

9. Los cordones de superposición se crean al depositar cordones de soldadura conectiva paralelos uno de otro para formar una superficie _____.

    a. plana
    b. socavada
    c. rellenada de forma escasa
    d. rellenada en exceso

10. La parte de una soldadura de filete que puede ser cóncava o convexa se denomina _____.

    a. lado
    b. garganta
    c. cara
    d. raíz

RESUMEN

Formar un arco eléctrico, extender cordones tejidos y cordones sin oscilación y realizar soldaduras de filete son habilidades esenciales que debe tener un soldador para realizar tareas de soldadura básica y para poder avanzar hacia procedimientos de soldadura más difíciles. Es importante practicar estas soldaduras hasta lograr soldaduras aceptables.

Las soldaduras se pueden realizar en diferentes posiciones: plana, vertical, horizontal y en posición elevada. Es necesario utilizar distintos tipos de electrodos al soldar en diferentes posiciones.

Complete el espacio en blanco con el término clave correcto que aprendió al estudiar este módulo.

1. Cuando las fuerzas magnéticas desvían el arco eléctrico de una trayectoria determinada, la acción se denomina _____.

2. Una línea derecha que se extiende a través del centro de una soldadura y a lo largo de la longitud se denomina _____.

3. _____ es una discontinuidad que consta del derretimiento localizado del metal base o soldadura terminada creada por el arco eléctrico.

4. Un tipo de cordón de soldadura formado mediante la oscilación transversal del electrodo se denomina _____.

5. _____ es un ángulo que es inferior a 90 grados entre una línea perpendicular a la superficie de la pieza de trabajo y un plano determinado por el eje del electrodo y el eje de la soldadura.

6. _____ es el ángulo de avance en el que el electrodo apunta en la misma dirección que la progresión de la soldadura.

7. Un movimiento de lado a lado se denomina _____.

8. _____ es el ángulo de avance en el que el electrodo apunta en dirección opuesta a la progresión de la soldadura.

9. Una pieza de metal que se soldará sobre o junta a otra pieza de trabajo a modo de prueba o práctica se denomina _____.

10. _____ es un tipo de cordón de soldadura sin ningún movimiento de tejido importante.

11. Otro nombre para la soldadura por arco con electrodo revestido es _____.

12. _____ es el punto en la soldadura donde un cordón de soldadura se detendrá y el cordón constante comenzará.

Términos del oficio

Ángulo de arrastre	Apertura de arco	Cupón de la soldadura	Reinicio
Ángulo de empuje	Cordón sin oscilación	Eje de la soldadura	SMAW
Ángulo de trabajo	Cordón tejido	Oscilación	Soplo de arco

Bill Cherry nació en San Antonio, Texas, y es el segundo de seis hermanos. Después de graduarse de la escuela secundaria, fue contratado por una empresa de perforación de carreteras. Aprendió a soldar en el trabajo, arreglar escariadores y otro equipo de perforación de carretera. Bill luego decidió concentrarse en la soldadura y aceptó un trabajo como ayudante de soldador en Zachry Industrial en Deer Park, Texas. Eventualmente, Bill se convirtió en un soldador certificado y luego en un inspector de soldaduras certificado. En su puesto actual en Zachry, Bill capacitó a soldadores y también realizó controles de calidad.

¿Cómo eligió una carrera profesional en esta área?
Me gustaba ver el producto final de mis esfuerzos y saber que impactarían en las vidas de las personas. La mayoría de mis producciones, si no todas, aún se utilizan en la actualidad. Esto me hace sentir realizado.

¿Qué tipo de capacitación ha tomado?
La mayoría de mis habilidades como soldador las aprendí solo. Recibí capacitación formal para convertirme en un Instructor de soldadura certificado (CWI) y también participé en el programa de NCCER Instructor Certification Training Program (Programa de capacitación para certificación de instructores, ICTP). Por supuesto, la capacitación en el trabajo fue fundamental.

¿Qué tipo de trabajos ha realizado durante su carrera profesional?
Después de graduarme del secundario, comencé a trabajar en una empresa de perforación de carreteras. Ahí aprendí a soldar. Mi siguiente trabajo fue en una planta de energía calentada a carbón en San Antonio, Texas donde adquirí experiencia en distintos procesos y procedimientos de soldadura. Después de eso, tuve la oportunidad de aprender a inspeccionar y capacitar sobre soldadura. Pude obtener las certificaciones de Instructor de soldadura certificado (CWI), Capacitador de soldadura certificado (CWE) e Instructor de soldadura maestro de NCCER. También he preparado a alumnos para que se conviertan en soldadores desde entonces.

Cuéntenos sobre su trabajo actual y lo que le gusta de éste.
En mi trabajo actual, examino soldadores para certificaciones específicas en el lugar de trabajo y, por las noches, capacito a soldadores. Los estudiantes que asisten a mis clases son soldadores nuevos o personas que desean mejorar sus habilidades para lograr calificaciones adicionales sobre el proceso de soldadura. Mi trabajo es un desafío diario: ayudo a los alumnos a dominar su oficio.

¿Qué factores han influido más para que usted logre el éxito?
Lo que contribuyó a mi éxito es contar, por lo menos, con una persona que me diera la posibilidad de avanzar en mi carrera. Sin esa persona, es posible que me sintiera insatisfecho con mi carrera. Una persona puede marcar una gran diferencia en tu vida.

Nunca te relajes y estés satisfecho con lo que estás haciendo actualmente. Las oportunidades siempre están ahí. Siempre debes buscarlas.

Cuéntanos algún hecho o logro interesante relacionado con tu profesión.
Un logro importante fue alcanzar el estado de Instructor de soldadura maestro de NCCER. Además, también realicé muchos tipos diferentes de construcciones. He administrado más de 10,000 pruebas de soldadura hasta la fecha. Otra cosa que me llena es orgullo es que ex alumnos se detengan en mi taller para saludarme y contarme lo bien que les está yendo en el área de soldadura.

Jeff creció en Oklahoma, donde su padre era instructor de soldadura y su madre era una maestra de educación profesional. La familia vivía en una granja y Jeff siempre estaba dispuesto a ayudar a su padre con toda soldadura que fuera necesario hacer. Jeff sólo tenía 11 años cuando su papá lo convenció para que tomara la prueba de soldadura. Jeff aprobó el examen y recibió la certificación de soldador 3G a los 11 años. Después de ese logro temprano, Jeff continuó perfeccionando sus habilidades. Trabajó como soldador mientras estaba en la universidad. Después de la universidad, viajó mucho y trabajó como soldador en todos EE. UU., incluso Alaska.

¿Cómo eligió una carrera en esta área?
La soldadura era un oficio familiar. Mi padre era instructor de soldadura y mi madre, maestra de educación profesional. Desde muy pequeño, me atrajo la soldadura y siempre ha sido muy gratificante para mí. Primero, obtuve experiencia práctica sólida y luego pasé al trabajo administrativo donde pude ayudar a otros a aprender el oficio.

¿Qué tipo de capacitación ha tomado?
Obtuve la certificación de Instructor maestro de NCCER. También obtuve certificaciones de Millwright, Pipefitter y de soldadura, realicé capacitaciones sobre inspección y control de calidad, entre otros.

¿Qué tipo de trabajos ha realizado durante su carrera profesional?
Mi experiencia va de lo práctico a lo administrativo, de soldar al control y garantía de calidad, y de inspeccionar a ingeniería de campo. Trabajé para Tulsa Welding School en distintos puestos administrativos, entre ellos director de admisiones. También creé la escuela en Oklahoma Welding Institute en Oklahoma City. Desarrollé y optimicé el plan de estudio. De esta manera, los soldadores pudieron capacitarse en menos tiempo y salir a trabajar y ser productivos.

Cuéntenos sobre su trabajo actual y lo que le gusta de éste.
Actualmente trabajo como Gerente de capacitaciones en BE&K Construction Company en Birmingham, Alabama. Administro toda la capacitación de oficio para lugares industriales y de la construcción. Es muy reconfortante ver que el nivel de habilidad de las personas mejora y la calidad de vida mejora no sólo a nivel económico, sino a nivel personal. Una vez que se obtiene esa habilidad y se la pone en práctica en su oficio, se fortalece la autoestima. La capacitación en un oficio es algo que nunca pueden arrebatarte. Como

instructor y gerente de capacitaciones, es muy reconfortante ver que las personas logran el éxito y mejoran su calidad de vida.

¿Qué factores han influido más para que usted logre el éxito?
Primero, veo el éxito de otras personas en su oficio y las oportunidades que aparecen para aquellos que son exitosos. Siempre se puede abastecer a la familia cuando cuentas con una habilidad. Siempre puedes encontrar trabajo. Los oficios abren puertas y realmente fue así conmigo. Una vez que se recibió la capacitación, se puede dirigir en la orientación que desees, ya sea hacia el entorno práctico, administrativo o algo más. También fui muy afortunado de que toda mi familia tuviera formación en oficios.

¿Qué le recomendaría a aquellas personas nuevas en el área?
Contáctese con un buen mentor y participe en un programa sólido. Escuche y aprenda de la experiencia de otros en el área. Esto lo ayudará a crecer. Siempre esfuércese por alcanzar lo mejor. Como profesional, pone su firma en lo que hace. Se refleja en usted. Siéntase orgulloso de su trabajo y conviértase en un verdadero profesional, tanto en experiencia práctica como en conocimiento que sustente su área.

Cuéntanos algún hecho o logro interesante relacionado con tu profesión.
Tal como lo mencioné anteriormente, toda mi familia tiene formación en oficios. Mi hermano menor también está en el oficio. Tuve suerte de poder trabajar con él en el Polo Norte, en la ladera norte de Alaska. Mi hermano también trabajó en el Polo Sur. Nuestros trabajos en el oficio nos permitieron tener experiencias gratificantes y experiencias de vidas y de viaje interesantes que nunca hubiéramos tenido en un trabajo más tradicional de nueve a cinco.

Términos clave del oficio introducidos en este módulo

Ángulo de arrastre: ángulo de avance cuando el electrodo apunta en dirección opuesta a la progresión de la soldadura.

Ángulo de empuje: ángulo de avance en el que el electrodo apunta en la misma dirección que la progresión de la soldadura.

Ángulo de trabajo: un ángulo de menos de 90 grados entre una línea perpendicular a la superficie de la pieza de trabajo principal y un plano determinado por el eje de electrodo y el eje de soldadura. En una unión en T o unión de esquina, la línea es perpendicular al miembro no colocado a tope. La definición del ángulo de trabajo para una soldadura de tubería se cubre en un módulo posterior.

Apertura de arco: deformación conformada por el derretimiento localizado del metal base o soldadura acabada que provoca el arco eléctrico. Se produce al formar un arco fuera del área a soldar.

Cordón sin oscilación: tipo de cordón de soldadura que se fabrica sin movimiento de tejido considerable. Con una soldadura por arco con electrodo revestido (SMAW), los cordones sin oscilación no superan más de tres veces el diámetro del electrodo.

Cordón tejido: tipo de cordón de soldadura que se realizó mediante la oscilación transversal del electrodo.

Cupón de soldadura: piezas de metal que se soldarán juntas a modo de prueba o práctica.

Eje de soldadura: línea recta que se traza desde el centro de una soldadura y a lo largo de la longitud de la soldadura.

Oscilación: movimiento de lado a lado.

Reinicio: punto en la soldadura donde un cordón de soldadura se detiene y el cordón constante comienza.

SMAW: soldadura por arco con electrodo revestido; a veces se denomina comúnmente como soldadura de varilla.

Soplo de arco: deformación del arco eléctrico de su trayectoria esperada debido a fuerzas magnéticas.

Recursos adicionales

Este módulo pretende incluir fuentes minuciosas para la capacitación de tareas. Se sugiere el siguiente trabajo de referencia para estudios posteriores. Éste es material opcional que sirve para la educación continua, en lugar de para la capacitación en tareas.

Stick Electrode Welding Guide, 2004. Cleveland, OH: The Lincoln Electric Company. www.lincolnelectric.com

Apéndice

PERFORMANCE ACCREDITATION TASKS (TAREAS DE ACREDITACIÓN DE RENDIMIENTO)

Las tareas de acreditación de rendimiento (PAT) corresponden a los objetivos de aprendizaje de *AWS EG2.0, Guía para la capacitación y calificación de personal de soldadura: Soldador básico*, y sustentan dichos objetivos.

Tenga en cuenta que para poder cumplir con todos los objetivos de aprendizaje de *AWS EG2.0*, el instructor también debe utilizar las PAT que se encuentran en el segundo nivel de Soldadura de *Serie de aprendizaje Contren*®.

Las PAT ofrecen criterios específicos y aceptables para el rendimiento y garantizan un programa de soldadura realmente basado en competencias para los estudiantes.

Las siguientes tareas se diseñaron para evaluar su capacidad para extender cordones y soldaduras de filete con equipo SMAW. Realice cada tarea cuando el instructor así se lo indique. A medida que completa cada tarea, llévesela a su instructor para que la evalúe. No continúe con la siguiente tarea hasta que el instructor así se lo indique.

CONSTRUCCIÓN DE UN COJINETE CON ELECTRODOS E6010 EN POSICIÓN PLANA

Construya un cojinete de metal de soldadura sobre una placa de acero al carbono tal como se indica, empleando electrodos E6010.

NOTA:
METAL BASE = ACERO AL CARBONO PLACA DE AL MENOS $\frac{1}{4}$" (0,64 cm) DE ESPESOR

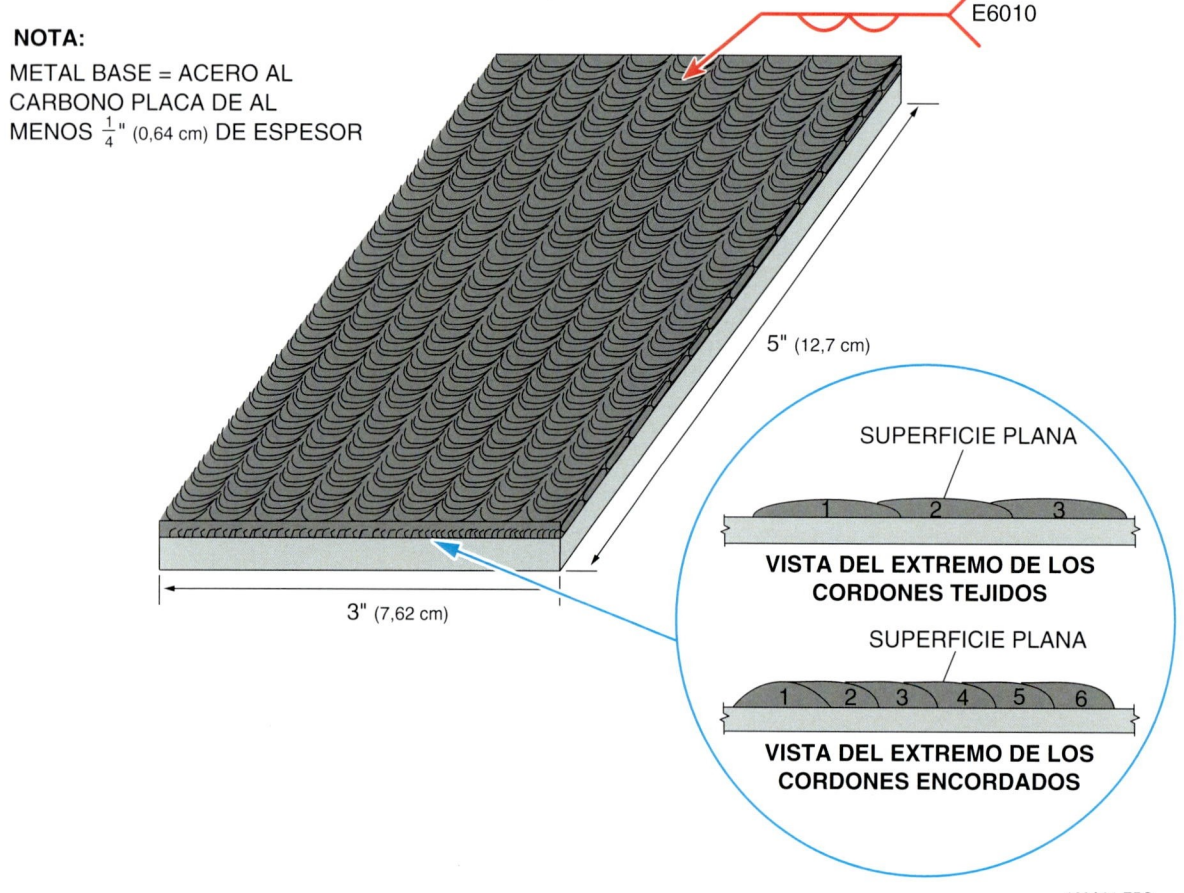

E6010

5" (12,7 cm)

3" (7,62 cm)

SUPERFICIE PLANA

1 2 3

VISTA DEL EXTREMO DE LOS CORDONES TEJIDOS

SUPERFICIE PLANA

1 2 3 4 5 6

VISTA DEL EXTREMO DE LOS CORDONES ENCORDADOS

109A01.EPS

Criterios de aceptación:

- Cordones de soldadura en línea recta hacia adentro $\frac{1}{8}$" (0,32 cm)   _____
- Apariencia uniforme en la cara del cordón   _____
- Cráter y reinicios llenos hasta la sección transversal completa de la soldadura   _____
- Superficie del cojinete plana hacia adentro $\frac{1}{8}$" (0,32 cm)   _____
- Transición plana y lisa con una fusión completa en los bordes
  de un cordón con la superficie del cordón anterior   _____
- Sin porosidad   _____
- Sin superposiciones en los bordes de la soldadura   _____
- Sin socavados excesivos   _____
- Sin partículas extrañas   _____
- Sin grietas   _____

CONSTRUCCIÓN DE UN COJINETE CON ELECTRODOS E6010 EN POSICIÓN PLANA

Construya un cojinete de metal de soldadura sobre una placa de acero al carbono tal como se indica, empleando electrodos E6010.

NOTA:
METAL BASE = ACERO AL CARBONO PLACA DE AL MENOS $\frac{1}{4}"$ (0,64 cm) DE ESPESOR

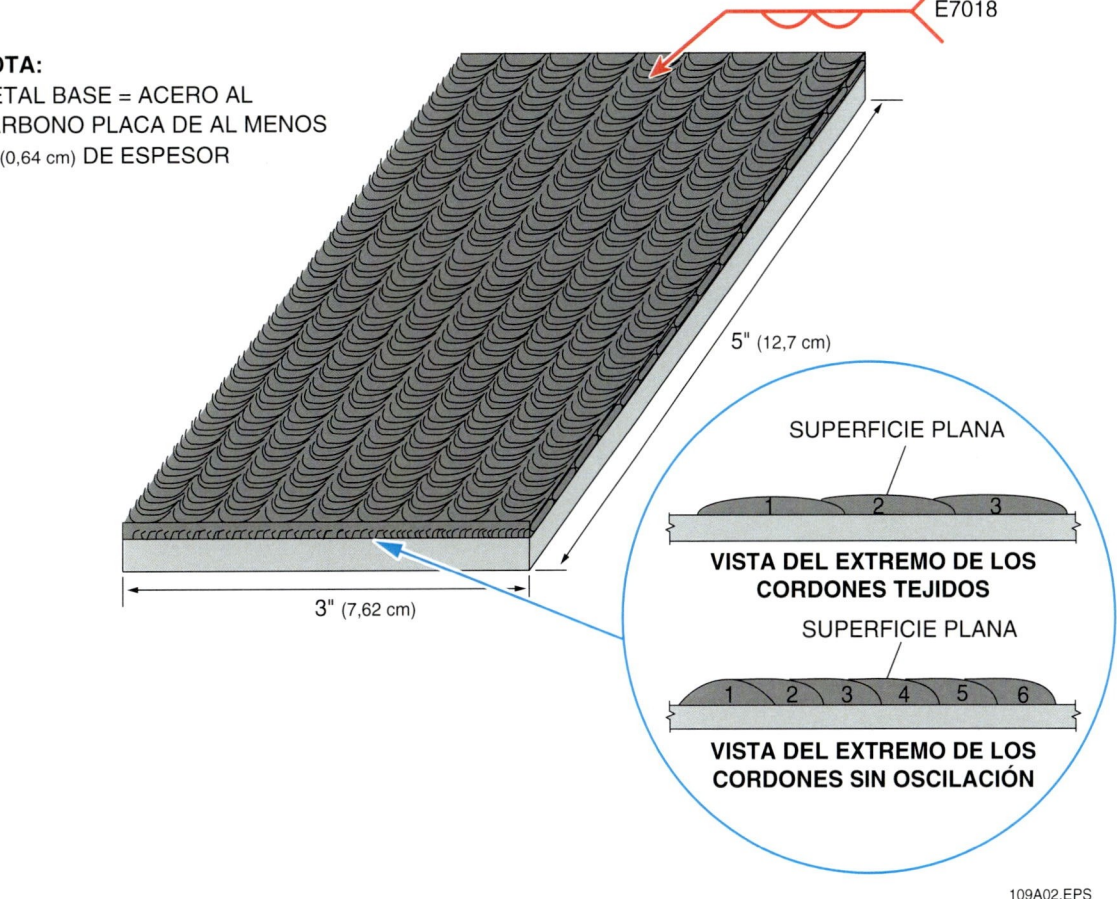

109A02.EPS

Criterios de aceptación:

- Cordones de soldadura en línea recta hacia adentro $\frac{1}{8}"$ (0,32 cm) _____
- Apariencia uniforme en la cara del cordón _____
- Cráter y reinicios llenos hasta la sección transversal completa de la soldadura _____
- Superficie del cojinete plana hacia adentro $\frac{1}{8}"$ (0,32 cm) _____
- Transición plana y lisa con una fusión completa en los bordes de un cordón con la superficie del cordón anterior _____
- Sin porosidad _____
- Sin superposiciones en los bordes de la soldadura _____
- Sin socavados excesivos _____
- Sin partículas extrañas _____
- Sin grietas _____

HORIZONTALES (2F) SOLDADURA EN ÁNGULO RECTO CON ELECTRODOS E6010

Realice una soldadura de filete horizontal tal como se indica, empleando electrodos E6010 de $\frac{1}{8}$" (0,32 cm).

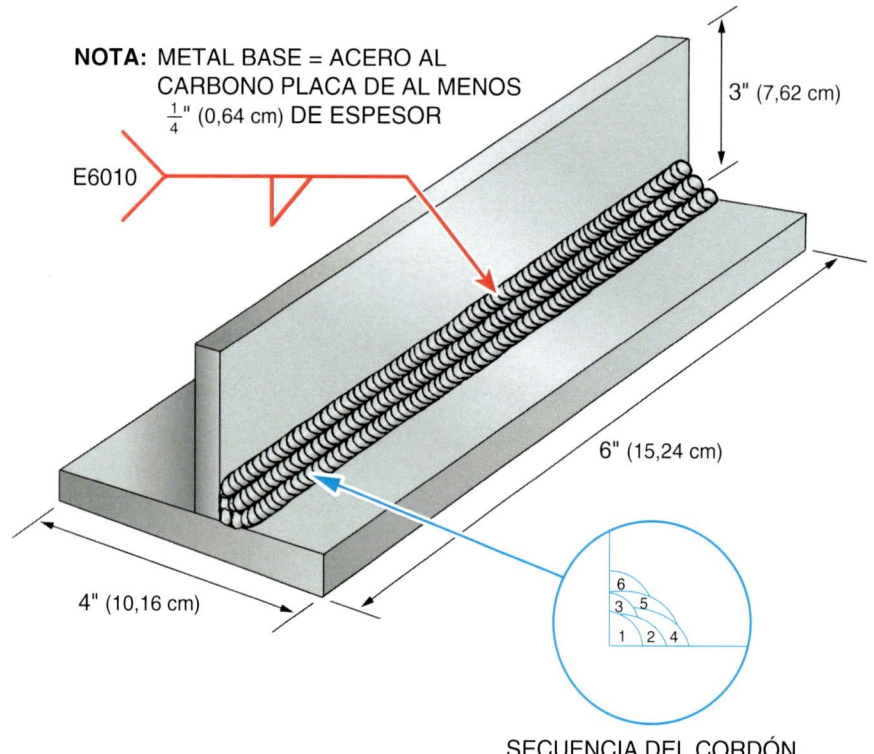

NOTA: METAL BASE = ACERO AL CARBONO PLACA DE AL MENOS $\frac{1}{4}$" (0,64 cm) DE ESPESOR

E6010

3" (7,62 cm)

6" (15,24 cm)

4" (10,16 cm)

SECUENCIA DEL CORDÓN

109A03.EPS

Criterios de aceptación:

- Apariencia uniforme en la cara del cordón _____
- Cráter y reinicios llenos hasta la sección transversal completa de la soldadura _____
- Tamaño uniforme de la soldadura, $\pm \frac{1}{16}$" (0,16 cm) _____
- Perfil aceptable de la soldadura de acuerdo con AWS D1.1 _____
- Transición uniforme con una fusión completa en los bordes de la soldadura _____
- Sin porosidad _____
- Sin socavados excesivos _____
- Sin partículas extrañas _____
- Sin grietas _____
- Sin superposiciones _____

HORIZONTALES (2F) SOLDADURA EN ÁNGULO RECTO CON ELECTRODOS E7018

Realice una soldadura de filete horizontal tal como se indica, empleando electrodos E7018 de $\frac{1}{8}$ " (0,32 cm).

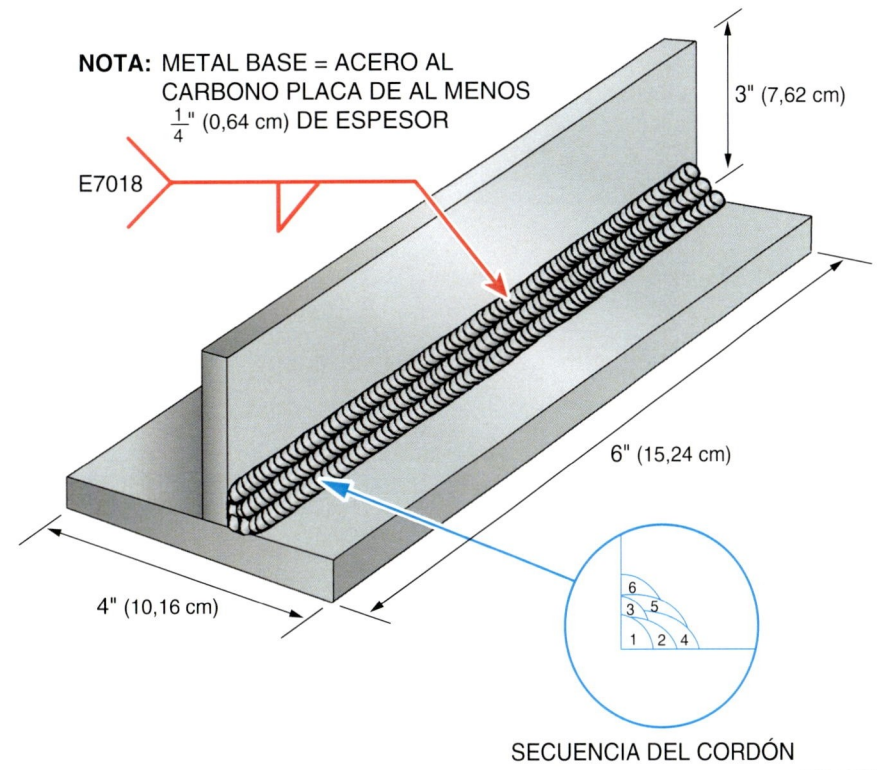

NOTA: METAL BASE = ACERO AL CARBONO PLACA DE AL MENOS $\frac{1}{4}$" (0,64 cm) DE ESPESOR

E7018

3" (7,62 cm)

6" (15,24 cm)

4" (10,16 cm)

SECUENCIA DEL CORDÓN

109A04.EPS

Criterios de aceptación:

- Apariencia uniforme en la cara del cordón _____
- Cráter y reinicios llenos hasta la sección transversal completa de la soldadura _____
- Tamaño uniforme de la soldadura, $\pm \frac{1}{16}$" (0,16 cm) _____
- Perfil aceptable de la soldadura de acuerdo con AWS D1.1 _____
- Transición uniforme con una fusión completa en los bordes de la soldadura _____
- Sin porosidad _____
- Sin socavados excesivos _____
- Sin partículas extrañas _____
- Sin grietas _____
- Sin superposiciones _____

VERTICAL (3F) SOLDADURA EN ÁNGULO RECTO CON ELECTRODOS E6010

Realice una soldadura de filete horizontal tal como se indica, empleando electrodos E6010 de $\frac{1}{8}$" (0,32 cm).

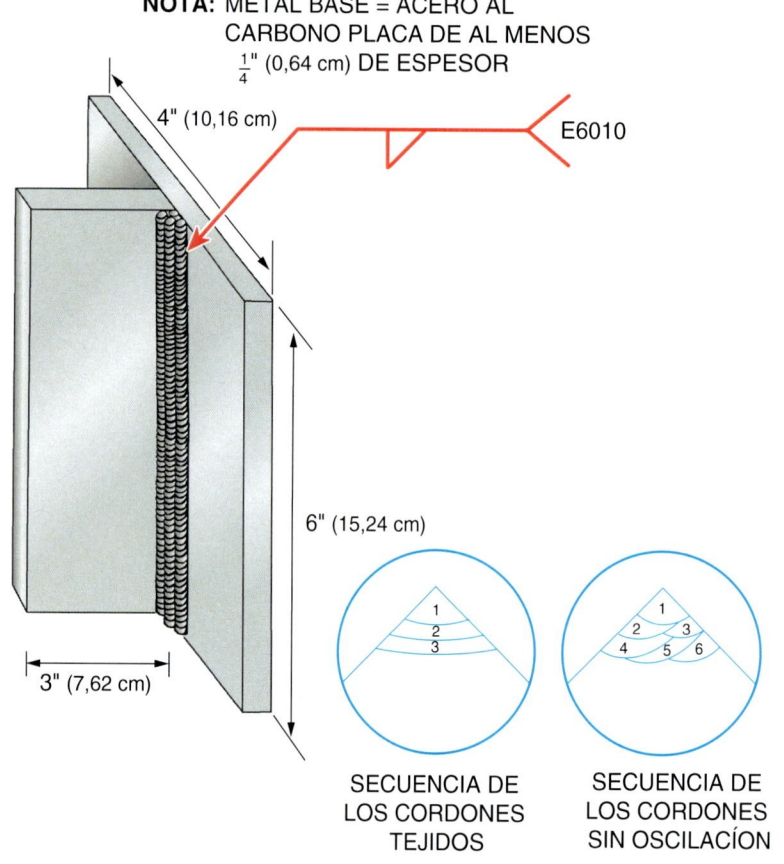

NOTA: METAL BASE = ACERO AL CARBONO PLACA DE AL MENOS $\frac{1}{4}$" (0,64 cm) DE ESPESOR

4" (10,16 cm)

E6010

6" (15,24 cm)

3" (7,62 cm)

SECUENCIA DE LOS CORDONES TEJIDOS

SECUENCIA DE LOS CORDONES SIN OSCILACÍON

109A05.EPS

Criterios de aceptación:

- Apariencia uniforme en la cara del cordón
- Cráter y reinicios llenos hasta la sección transversal completa de la soldadura
- Tamaño uniforme de la soldadura, $\pm \frac{1}{16}$" (0,16 cm)
- Perfil aceptable de la soldadura de acuerdo con AWS D1.1
- Transición uniforme con una fusión completa en los bordes de la soldadura
- Sin porosidad
- Sin socavados excesivos
- Sin partículas extrañas
- Sin grietas
- Sin superposiciones

VERTICAL (3F) SOLDADURA EN ÁNGULO RECTO CON ELECTRODOS E7018

Realice una soldadura de filete horizontal tal como se indica, empleando electrodos E7018 de $\frac{1}{8}$ " (0,32 cm).

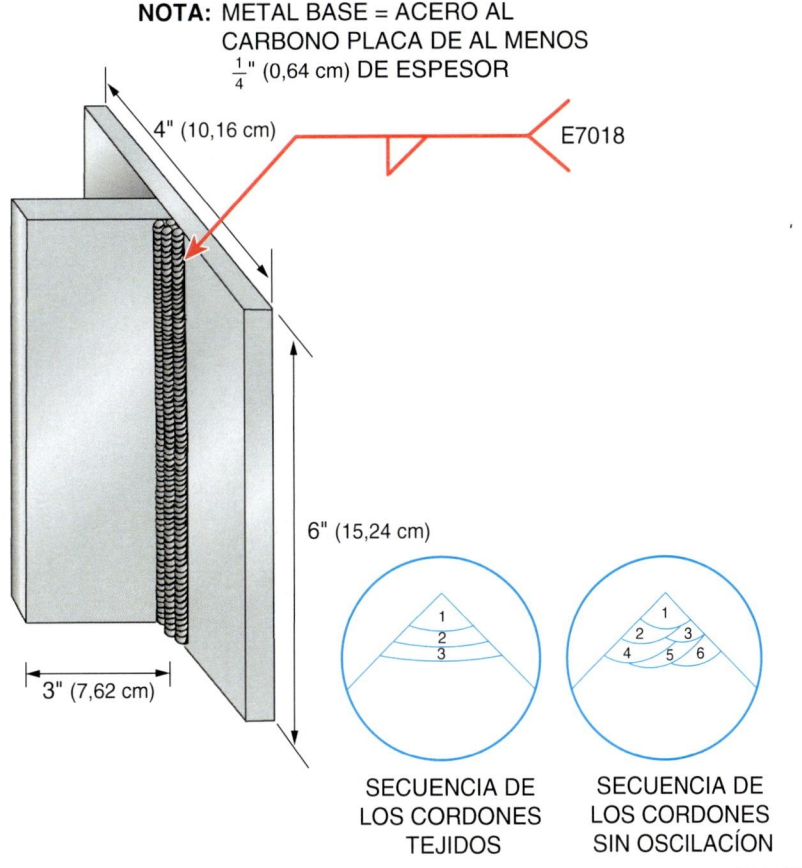

109A06.EPS

Criterios de aceptación:

- Apariencia uniforme en la cara del cordón _____
- Cráter y reinicios llenos hasta la sección transversal completa de la soldadura _____
- Tamaño uniforme de la soldadura, $\pm \frac{1}{16}$ " (0,16 cm) _____
- Perfil aceptable de la soldadura de acuerdo con AWS D1.1 _____
- Transición uniforme con una fusión completa en los bordes de la soldadura _____
- Sin porosidad _____
- Sin socavados excesivos _____
- Sin partículas extrañas _____
- Sin grietas _____
- Sin superposiciones en los bordes de la soldadura _____

ENCIMA DE LA CABEZA (4F) DE SOLDADURA EN ÁNGULO RECTO CON ELECTRODOS E6010

Realice una soldadura de filete horizontal tal como se indica, empleando electrodos E6010 de $\frac{1}{8}$" (0,32 cm).

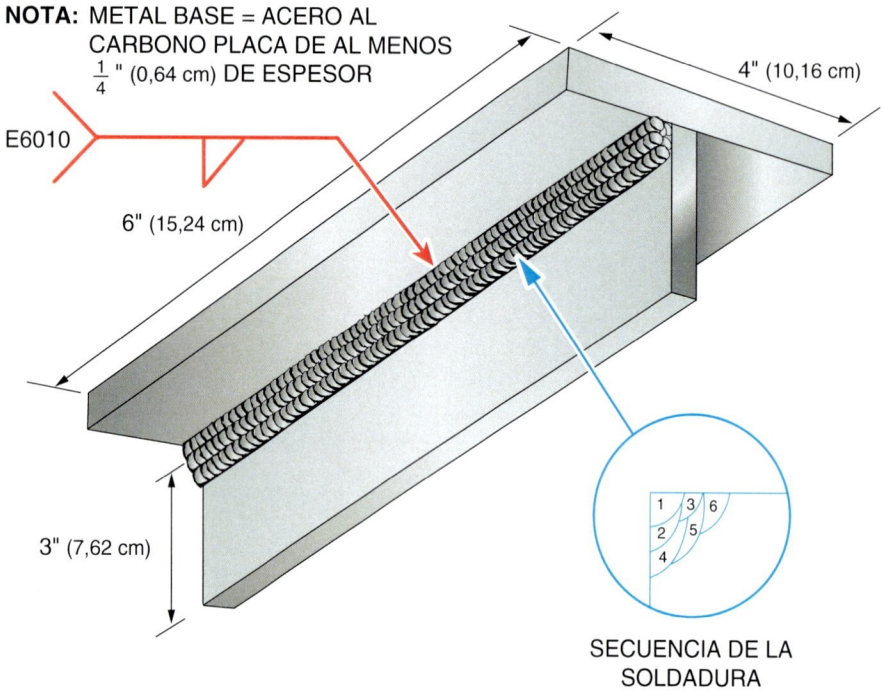

NOTA: METAL BASE = ACERO AL CARBONO PLACA DE AL MENOS $\frac{1}{4}$" (0,64 cm) DE ESPESOR

E6010

6" (15,24 cm)

4" (10,16 cm)

3" (7,62 cm)

SECUENCIA DE LA SOLDADURA

109A07.EPS

Criterios de aceptación:

- Apariencia uniforme en la cara del cordón _____
- Cráter y reinicios llenos hasta la sección transversal completa de la soldadura _____
- Tamaño uniforme de la soldadura, $\pm \frac{1"}{16}$ (0,16 cm) _____
- Perfil aceptable de la soldadura de acuerdo con AWS D1.1 _____
- Transición uniforme con una fusión completa en los bordes de la soldadura _____
- Sin porosidad _____
- Sin socavados excesivos _____
- Sin partículas extrañas _____
- Sin grietas _____
- Sin superposiciones _____

ENCIMA DE LA CABEZA (4F) DE SOLDADURA EN ÁNGULO RECTO CON ELECTRODOS E7018

Realice una soldadura de filete horizontal tal como se indica, empleando electrodos E7018 de $\frac{1}{8}$" (0,32 cm).

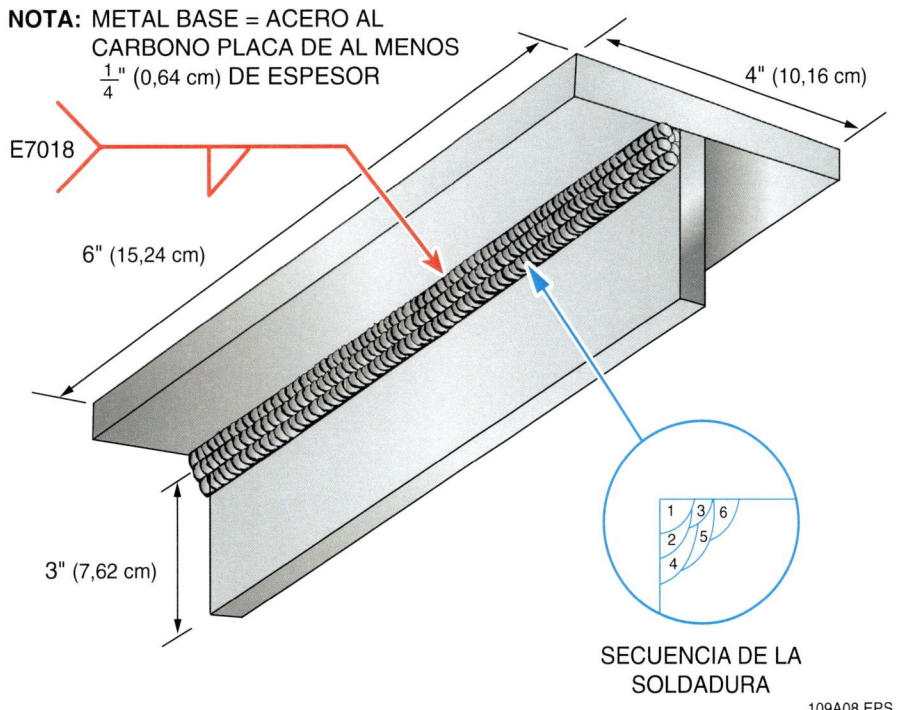

NOTA: METAL BASE = ACERO AL CARBONO PLACA DE AL MENOS $\frac{1}{4}$" (0,64 cm) DE ESPESOR

E7018

4" (10,16 cm)

6" (15,24 cm)

3" (7,62 cm)

SECUENCIA DE LA SOLDADURA

109A08.EPS

Criterios de aceptación:

- Apariencia uniforme en la cara del cordón
- Cráter y reinicios llenos hasta la sección transversal completa de la soldadura
- Tamaño uniforme de la soldadura, $\pm \frac{1}{16}$" (0,16 cm)
- Perfil aceptable de la soldadura de acuerdo con AWS D1.1
- Transición uniforme con una fusión completa en los bordes de la soldadura
- Sin porosidad
- Sin socavados excesivos
- Sin partículas extrañas
- Sin grietas
- Sin superposiciones

CURRÍCULO DE NCCER - COMENTARIOS DEL USUARIO

NCCER hace el esfuerzo de mantener estos libros de texto actualizados y libres de errores técnicos. Apreciamos su ayuda en este proceso. Si encuentra algún error, ya sea tipográfico o de contenido, en el currículo de NCCER, haga el favor de completar este formulario (o una fotocopia de él) o el formulario en línea en **www.nccer.org/olf**. Asegúrese de incluir el número exacto del módulo, la página, una descripción detallada y la corrección recomendada. Su comentario será puesto en conocimiento del comité técnico de revisión. Gracias por su ayuda.

Instructores: si tiene una idea para mejorar este libro de texto o encontró que algún material adicional es necesario para enseñar este módulo con eficacia, por favor háganoslo saber para que podamos presentar sus sugerencias al comité técnico de revisión.

NCCER Product Development and Revision

13614 Progress Blvd., Alachua, FL 32615

Correo electrónico: curriculum@nccer.org
En internet: www.nccer.org/olf

❏ Guía del estudiante   ❏ AIG   ❏ Examen ❏ PowerPoints   Otro _____

Oficio / nivel   Fecha de copyright :

Número/título del módulo:

Número(s) de sección:

Descripción:

Corrección recomendada:

Su nombre:

Dirección:

Correo electrónico: Teléfono: